U0142392

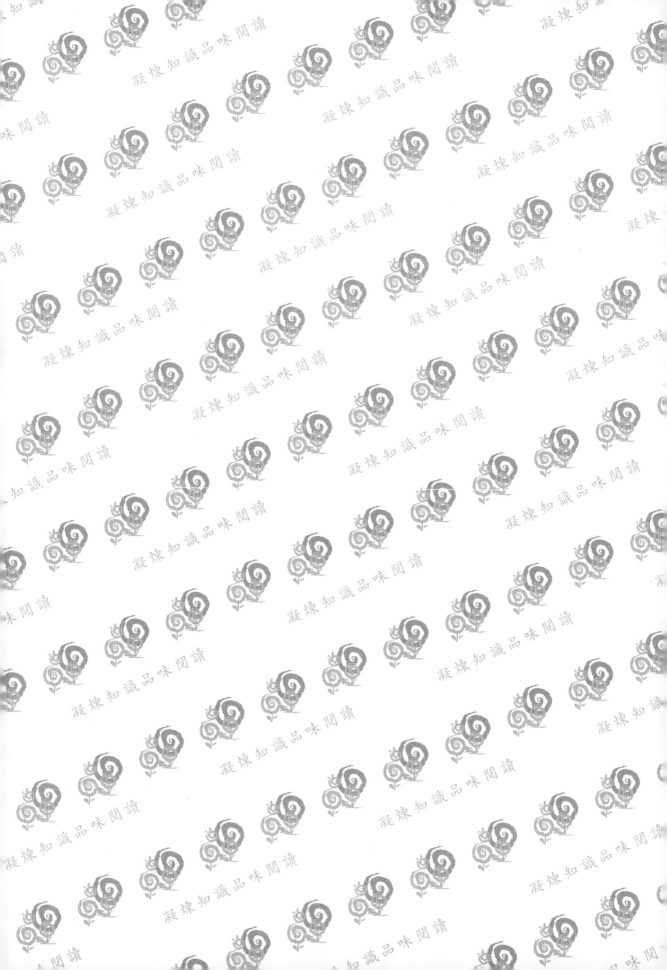

環境氣象學

Environmental Meteorology

陳康興—著

五南圖書出版公司 印行

序

　　近年來民眾普遍關切大氣污染問題，大氣中的污染物，無論是氣狀或粒狀物，皆與氣象條件息息相關。依行政院環境保護署長期監測數據顯示，空氣品質指數（AQI）呈季節性的變化，例如高雄市 AQI 在夏季最佳，到了秋、冬兩季明顯轉差，其他縣市亦雷同。甚至可說，當地空氣品質的變動，三成與當地排放有關，其餘七成與氣象因素有關，後者包括風速、風向、雨量、逆溫、日照量、大氣穩定度、高氣壓、低氣壓等。因此，以科學態度學習氣象，對非氣象科系（特別是環境、生態、能源或其他相關領域的）學生，格外具有意義。

　　有鑒於此，筆者自民國八十六年即在本校環境工程研究所開設氣象學課程，迄今已二十餘年。退休後亦曾在廣州華南理工大學環境與能源學院講授，本書即是編修歷年上課講義而成。由於環工、環科、生態、公安衛的學生在大專時期鮮少修習氣象學課程，因此講義內容參酌多本美國大專院校氣象科系的教科書，另參考多本相關書籍及資料，擇其精要編撰與講授。上述教科書以地球之大氣揭開序幕，繼以天氣變化的源頭「太陽輻射」闡述發生在對流層的萬端氣象，包括天氣及氣候的規律及變化，並以局部及中大尺度的風場、大氣環流、氣團、鋒面、中緯度氣旋、雷雨、龍捲風、颱風、全球氣候等為重點，較少涉及微尺度之氣象。

　　空氣、水氣和熱量可謂是天氣之三要素。地表性質不均勻，在太陽照射下，水平溫差會造成等壓線的傾斜，產生水平壓力差，推動空氣水平運動而生風。水受熱蒸發生成水氣，水氣上升後冷卻凝結成雲、霧，雲滴落下方有雨、雪。這些現象均彰顯水的熱力特性和空氣的運動機制，並在天氣中扮演關鍵作用。

　　本書旨在有系統地介紹天氣現象發生的基本機制、演變及消長過程，並闡述大氣穩定度、大氣邊界層和其他氣象因素與空氣品質之關聯，然而並未包括天氣預測及氣候變遷等議題。此外，有些內容應用熱力學及流體力學原理作解說，以達到「知其然，亦知所以然」之目的，並可奠定讀者往後進階修習之基礎。

　　本書適合做為一般大專院校氣象學課程之教科書或參考書籍，雖經多次校正，但倉促付梓，錯誤難免，尚祈各方專家、賢達不吝指正，是為幸甚！本書之插圖皆由管琪芬助理精心繪製，本人由衷感謝萬分！

陳康興

於西子灣中山大學

目　錄（Contents）

第 1 章

地球的大氣

　　地球是太陽系中唯一有生命的行星，而所有生命的原動力是源自於太陽的輻射能量。雖然地球的大氣向外太空延伸數百公里之遙，但是從外太空鳥瞰，這層保護地球的外衣卻薄的像香瓜皮（圖 1-1）。

圖 1-1　太陽將落時從國際太空站拍攝的大氣層（摘自：NASA 網站）

1.1　大氣的成分

　　表 1-1 列出大氣的成分，以氮氣最多（78.08%），其次是氧氣（20.95%），二者合計 99.03%，其餘為氬、氖、氦、氫、氙，這些氣體成分在 0～80 km 的海拔幾乎不變，稱之永久氣體（permanent gas）。成分微量且會變動的氣體，包括水氣、二氧化碳、甲烷、氧化亞氮、臭氧、氟氯碳化合物、氣懸膠（aerosol/ 浮游粒子或液滴）等，稱之變動氣體（variable gas）。雖然變動氣體僅占大氣極少部分，但它們對環境及氣候產生巨大的影響。

　　在近地面，這些氣體恆處在毀滅及生成的動態平衡過程中。例如，土壤中的細菌可經生化反應移除大氣中的氮氣，而動植物的殘骸在腐敗後又釋出氮氣。又如，有機物因氧化生成氧化物，同時自大氣中移除氧氣；而當植物行光合作用（photosynthesis）時，二氧化碳與水可反應生成氧氣。

表 1-1　近地表大氣的成分

永久氣體			變動氣體			
名稱	化學符號	% 體積	名稱	化學符號	% 體積	（ppm）
氮	N_2	78.08	水氣	H_2O	0 to 4	
氧	O_2	20.95	二氧化碳	CO_2	0.035	355
氬	Ar	0.93	甲烷	CH_4	0.00017	1.7
氖	Ne	0.0018	氧化亞氮	N_2O	0.00003	0.3
氦	He	0.0005	臭氧	O_3	0.000004	0.04
氫	H_2	0.00006	氣懸膠		0.000001	0.01
氙	Xe	0.000009	氟氯碳化合物	CFCs	0.00000001	0.0001

　　大氣中的二氧化碳僅占一小部分，約為 0.36%，主要來自植物的腐化、火山爆發、動物呼吸、石化燃料燃燒等。而當植物行光合作用時，就消耗二氧化碳以產生葉綠素。海洋就像是一座巨大的二氧化碳儲槽，因在水面有無數微小的浮游植物將二氧化碳固定在其細胞內。

　　二氧化碳濃度在大氣的年平均增率約為 0.4%，在 2019 年的濃度約 418 ppm，與甲烷、氧化亞氮、氟氯碳化合物及水氣均是溫室氣體（greenhouse gases）。甲烷主要來自農作物如稻米的腐化、牛胃的反應及貧瘠土壤的溼氧化過程，在大氣中的年增率約為 0.5%。氧化亞氮主要源自土壤中細菌及微生物的化學反應，在大氣中的年增率約為 0.25%。氟氯碳化合物為人類合成的化學產品，包括冷媒、溶劑及推進劑，在大氣中的年增率約為 4%。

　　水氣（vapor）在大氣中的濃度雖極微，但隨地區及緯度而變化很大，且水分子可以固、液、氣三態出現在自然環境中，構成水循環（hydrological cycle），如圖 1-2。大氣中的水氣會釋放潛熱，可提供驅動風暴的能量，亦能吸收地面向太空發散的輻射能，也是溫室氣體，因此在氣象及全球熱平衡上扮演重要的角色。

　　近地表大氣中的臭氧是造成光化學煙霧（photochemical smog）的主要成分，它會刺激眼睛及喉嚨，造成不適；但是約 97% 的臭氧是在平流層，並吸收紫外線。臭氧與氮氧化物、硫氧化物、碳氫化合物、懸浮微粒等均是空氣污染物。

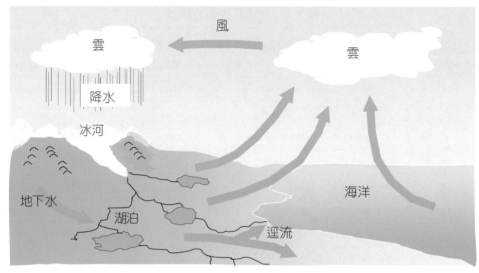

圖 1-2　地球的水循環

1.2　大氣的垂直結構

本節從壓力、密度、溫度及成分特性說明大氣的垂直結構。

1.2.1　氣壓及密度

靜止流體（氣體或液體）平衡時的壓力 P 滿足下式：

$$\frac{dP}{dz} \approx \frac{\Delta P}{\Delta z} = -\rho g \quad \text{或} \quad P = P_0 + \rho g z \tag{1-1}$$

上式為靜壓式（hydrostatic equation），ρ 是流體的密度，g 為海平面的重力加速度（$= 9.81$ m/s^2），z 為海拔。亦即，二壓力面間的壓差（$dp = \rho g dz$）即是流體的重量（圖 1-3）。

大氣中所含的空氣分子隨高度的增加而減少，因此空氣的密度及壓力均隨高度的增加而減少，如圖 1-4。

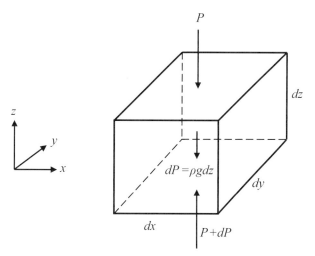

圖 1-3　靜態流體的壓力平衡

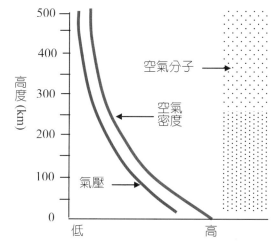

圖 1-4　空氣的密度及壓力均隨高度的增加而遞減

　　在 $0 \leqq z \leqq 50$ km 的海拔，氣壓隨高度的增加呈指數遞減（圖 1-5），並可用下式表示（詳第 8.1.3 節）：

$$P = P_0 \exp(-Z/H_p) \tag{1-2}$$

其中，$H_p = 7.29$ km 是氣壓的尺度高（scale height）。

圖 1-4 顯示,約 99.9% 的空氣是在 48 km(1 mb)以下的大氣,約 50% 的空氣是在 5.5 km(500 mb)以下。

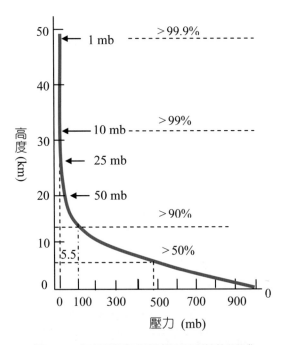

圖 1-5　氣壓隨高度的增加呈指數遞減

同樣的,空氣的密度亦隨高度的增加呈指數遞減,如下式:

$$P = P_0 \exp(-Z/H_p) \qquad (1\text{-}3)$$

其中,$H_p = 8.55$ km 是密度的尺度高。在海平面,$\rho_0 = 1.225$ kg/m^3,$P_0 = 1$ atm $= 1013.25$ mb(標準大氣見附錄 1)。公制單位見附錄 2,壓力的單位是帕(Pa),在氣象上常用巴(bar),且 1 毫巴(mb)= 1 百帕(hPa)。

1.2.2　垂直溫度剖面

依據垂直溫度變化可將大氣分為對流層(troposphere)、平流層(stratosphere)、中氣層(mesosphere)及增溫層(thermosphere),如圖 1-6,分述如下。

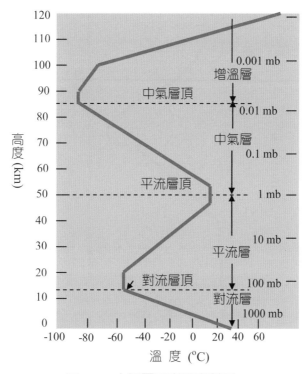

圖 1-6　大氣層垂直溫度剖面

1. 對流層：視所處的緯度，對流層距地面約 8～12 km，溫度在 –60 至 40℃，平均直減率 $\Gamma_0 = 6.5$℃/km（標準大氣），包含所有的天氣現象。

2. 平流層：在 11～50 km 的高度範圍，溫度在 0 至 –60℃。包含二區，一是等溫區（isothermal zone），高度在 11～20 km；另一個是逆溫區（inversion zone），高度在 20～50 km。平流層包含了高度在 23～25 km 的臭氧層（ozone layer），濃度垂直剖面如圖 1-7，$[O_3]_{max} \approx 12$ ppm。近地面，臭氧的背景濃度約 10～30 ppb。

3. 中氣層：在 50～80 km 的高度範圍，溫度在 0 至 –90℃（大氣層的最低溫），因氣體及臭氧極少，無法吸熱，熱量散至太空。

4. 增溫層：在 86 km 以上的高度，在此高度氧分子吸收極高的太陽輻射，並加熱空氣。由於氣體分子及離子非常的稀少，既便吸收少量的熱，就能產生極高的增溫。然而每天太陽輻射的變化很大，因此溫度在 500～1500℃作大範圍的跳動。

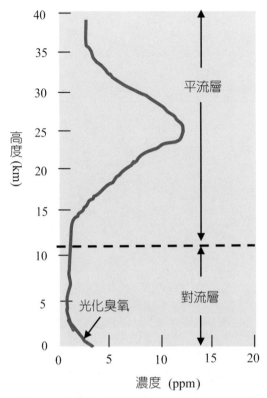

圖 1-7　臭氧於中緯度的平均垂直濃度分布

1.2.3　成分特性

　　依據大氣成分的特性，可將大氣層分均勻層（homosphere）、不勻層（heterosphere）及電離層（ionosphere）三種，如圖 1-8。

　　均勻層在增溫層之下 0～80 km 的範圍，因亂流混合，主要氣體成分大致均勻，如78% 的氮、21% 的氧。

　　不勻層的範圍由增溫層底部至大氣頂（top of the atmosphere）。由於增溫層溫度高，氣體分子及離子非常的稀少，不常相互碰撞，主要是藉擴散機制在大氣飄移，因此重的原子及分子如氮、氧在底部（約 80 km），輕的如氫、氦在大氣頂。

　　電離層的底部大約是在 60 km，頂部到大氣頂，因此大體而言是在增溫層。實際上電離層並非大氣的一層，而是被帶電化的區域，包含了許多游離的原子及分子。電離層可

以保護地表生物免於高能波段（紫外線、X 射線等）的傷害，也有助無線通訊的發展。

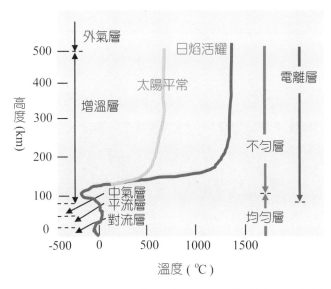

圖 1-8　大氣層結構：垂直溫度（紅線）、成分（綠線）及電特性（藍線）

太陽風（solar wind）的速度約 400 km/s，當接觸到地球磁場與電離層游離分子撞擊，即產生極光（aurora）。極光多出現在高緯度地區的夜空，有北極光（aurora borealis）與南極光（aurora australis），距地面約 80～200 km，圖 1-9 是在阿拉斯加夜晚的北極光。

圖 1-9　阿拉斯加夜晚的北極光

　　圖 1-10 為國際太空站於 2010 年 5 月 25 日黃昏時刻在印度洋上空拍攝的大氣影像，在黑色的地球表面上，燦爛有序的色彩意味著大氣是多層的。深橘色及黃色是對流層，從地面延伸至高空 6～20 km，色彩的變化主要是雲量或氣懸膠濃度的變異造成的。粉紅色摻雜著白色區域是平流層，距地面約 50 km。在平流層上方，藍色區塊標示著由中氣層漸漸過渡至黑暗的外太空。

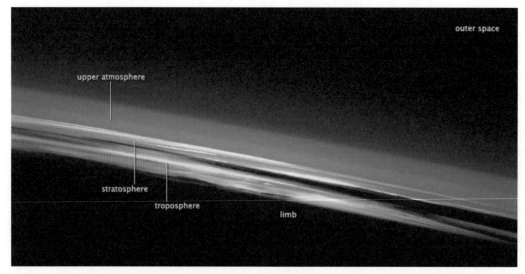

圖 1-10　國際太空站拍攝影像顯示大氣層的變化（摘自：NASA 網站）

1.3　大氣的演化

　　遠古時期包圍地球的大氣，與今日的空氣差異極大，而其演化可概分五個階段作說明（Ahrens, 2012）。

　　1. 地球年齡約 46 億年，形成初期內部高熱熔融，各種成分分離，重的物質如鐵、鎳，陷入核心，輕的物質浮在地球外層。與此同時，地球經常受到隕石猛烈撞擊，使地表岩漿翻騰，並釋出易揮發的氣體，主要是氫氣及氦氣（He），並伴隨著甲烷（CH_4）及氨（NH_3）等氫化合物，在重力吸引下形成原始大氣。許多科學家認為，早期的大氣因地表過熱，許多氣體因而逃逸至太空。

2. 在第二階段，經火山爆發、熔岩及噴泉等釋氣作用（outgassing）下排出重質的氣體，包括二氧化碳（約 80%）、水氣（約 10%）及些許的氮氣。

3. 經數百萬年不斷的釋氣之後，大氣中的水氣已充足，並形成雲。又經過數千年後，降在地面的雨水得以形成河流、湖泊及海洋。在此時期，大量的二氧化碳溶解在海洋中，並封存在碳化的沉積岩石內，如石灰岩。

4. 因大氣中許多的水氣已經沉降，且二氧化碳的濃度大幅減少，大氣遂逐漸含有豐富的惰性氮氣。氧來自於光合作用：

(1) $2H_2O \rightarrow 2H_2 + O_2$（水解）

(2) $H_2O + CO_2 \rightarrow \{CH_2O\} + O_2$

在光合作用下，水氣被分解成氫及氧，使氧的濃度增加，而這個過程非常緩慢。

據信，單細胞生物最早出現在 40 億年前（深海洋），大約在 20～30 億年前，已有足夠的氧氣供原始植物進行演化（淺海洋）。植物的演化伴隨著光合作用，遂使氧快速的增加，進而產生臭氧層。生命漸漸向海面延伸，約在 4 億年前走向陸地。

5. 約在幾百萬年前形成今日的大氣。

1.4　天氣及氣候

天氣（weather）是描述在某特定時間及特定地點的大氣狀況，包含氣溫、氣壓、溼度、雲量、降水、能見度及風等七要素。儘管天氣一直在變化，有時似乎難以捉摸，然而這些變化是可以歸納出規則的，這種綜合天氣狀態的描述便是氣候（climate）。因此氣候是某區域在某段時間（如三年）所有天氣資訊的平均狀況，但也包括了異常和極端情形。簡言之，天氣是時間尺度短、空間尺度小的大氣狀況，氣候是時間比較長、空間比較廣的大氣狀況。

1.5 氣象學簡史

氣象學（Meteorology）是探討大氣及其現象的一門科學，包括天氣及氣候的規律、變化、異常和極端事件。

在公元前 340 年，希臘哲學家亞理斯多德（Aristotle）寫了一本 *Meteorologica*，書的內容總括當時對天氣及氣候的知識，也涉獵一些天文、地理及化學的材料。在當時，希臘字「meteoros」的意思是「high in the air」，如今 meteoros 是指來自外太空的「流星」。在 *Meteorologica* 一書中，亞理斯多德嘗試以哲學及臆測的方式解釋大氣中的現象。儘管許多臆測是錯誤的，但是有將近二百年之久，眾人深信他的說詞（Ahrens, 2012）。

事實上，早期的氣象學不是一門自然科學，一直要到氣象儀器的發明後始誕生，如 16 世紀末的溫度計（thermometer），西元 1643 年的壓力計（barometer）及 1700s 晚期的溼度計（hygrometer）等。此後藉助儀器的觀測，發展出以科學實驗及物理定律去解釋某些觀察到的天候現象，遂成為科學的一支。

到了十九世紀，更多精良的儀器問世。例如，1804 年，人們首次用氣球收集大氣的溫度及溼度（到達 7000 m 高度）。在 1843 年發明電報機（telegraph），開啟了氣象觀測數據可常規性的傳送時代。1846 年發明了轉杯風速計（cup anemometer），已經成為今日大多數氣象站測量風速的工具。而人們對風及風暴的移動也開始有更清楚的認知，並在 1869 年繪出簡略的天氣圖。

在 1920 年代，挪威氣象學家有系統的描述出氣團、鋒面的概念，奠定中緯度氣旋發展的理論。同樣在那時期，氣象人員第一次用氫氣球攜帶無線電探空儀（radiosonde）向地面傳回高度、溫度、氣壓及溼度等數據。到了 1940 年代，釋放探空氣球（sounding balloon）已成為全世界氣象站每日兩次的例行工作（間隔 12 小時），擴展了人們對大氣三度空間的了解。而兩次世界大戰中發明的軍用雷達（radar），日後也應用在降雨、下雪的追蹤上（Moran, et al., 2013）。

在二十世紀 50 年代之後，電腦高速運算能力突飛猛進，開啟了數值模式解析複雜大氣運動及天氣預測的里程碑。1960 年 4 月 1 日第一顆氣象衛星泰洛斯 -I（TIROS-I）發射升空，從此開啟太空氣象觀測的新紀元。

思考 • 練習一

1. 何謂變動氣體？請列出四個，是否重要？

2. 請解釋靜壓差代表的意思。

3. 天氣的變化及臭氧層發生在大氣的哪一層？

4. 地面溫度為 25℃，試以平均直減率估算 1,500 公尺高空的氣溫。

5. 簡述極光發生的原因。

6. 在何時及何地區易看到極光？

7. 列出天氣的基本要素。

8. 說明天氣和氣候的區別。

9. 下列何者與天氣相關？何者與氣候相關？

    (a) 此刻天空布滿了與層雲。

    (b) 目前降雨的速率是每小時 30 mm。

    (c) 夏天非常悶熱潮溼。

    (d) 去年冬天的最低溫是 8℃。

    (e) 高雄市冬天的平均風速是 2.2 m/s。

    (f) 此地百年最大單日降雨量是 900 mm。

10. 何謂釋氣作用？

11. 大氣是保護地球的外衣，簡述其含義。

第 2 章

溫暖地球及大氣的能量

地球和大氣的能量源自於太陽輻射能，但太陽輻射能為所有星球共享，為何浩瀚宇宙目前只在地球上發現多樣的生命？水、空氣固然是必要條件，溫度亦是一項關鍵，這些都與物質所含的能量有關。有機或無機的物質藉由吸收或釋出能量，以維持適合的溫度，這些過程又受制於熱力學原理及熱傳遞機制。本章將扼要回顧這些原理和機制，除舉例與天氣變化的關聯外，並從巨觀角度說明地球和大氣是如何達到溫度及能量的平衡。

2.1　基礎熱力學回顧

2.1.1　物性：密度、比容、內能、焓

　　一個物質或系統的性質（property）若是依其尺寸或範圍所決定則稱之外延性質（extensive property），如總質量 m 或總體積 V；不論物質或系統是否處於平衡狀態，外延性質總是有一個數值。相反地，與物質或系統尺寸無關的性質稱作內含性質（intensive properties），如密度、比容、溫度、壓力等。通常，僅當物質或系統是處在平衡狀態，內含性質才有意義（另見第 2.1.4 節）。

　　內含性質（以下稱物性）一般用小寫英文字表示，因與欲研究物質的總量無關，因此可製成有用的圖、表，輔助分析。以下檢視一些與流體運動相關的熱力及傳輸物性。

1. 密度及比容

密度（density）ρ 的定義是單位體積的質量：

$$\rho = \frac{m}{V} \quad [\text{kg/m}^3] \tag{2-1}$$

比容（specific volume）v 的定義是單位質量的體積：

$$v = \frac{V}{m} = \rho^{-1} \quad [\text{m}^3/\text{kg}] \tag{2-2}$$

液體及固體的密度僅些微受溫度及壓力的影響，經常視作不可壓縮的

（incompressible）。但是氣體的密度顯著受溫度及壓力的影響，因此經常視作可壓縮的（compressible）。

2. 內能、焓

內能（internal energy）I 是質量 m 的物質，儲存於分子內鍵結能量的總合，是一個外延性質。而單位質量的內能記作 i（$= I/m$）稱作比內能（specific internal energy），是物性。焓（enthalpy）H 及 h 的定義是：

$$H = mh \tag{2-3}$$

$$h \equiv i + P/\rho = i + P \texttt{v} \tag{2-4}$$

其中，P 是壓力，因此 h 也是物性（註：物性間的運算結果仍是物性）。

2.1.2　熱力學第一定律：能量、功、熱量、溫度、比熱、顯熱、潛熱

能量的定義是「對物質作功（W）的能力」，能量愈多，作功的能力愈多，功的定義是「舉起或推動物質的能力」。常見的能量形式有：

$$動能（\text{KE}）= \frac{1}{2} mV^2 \tag{2-5}$$

$$位能（\text{PE}）= m\,g\,z \tag{2-6}$$

其中，V 為物質的巨觀平均速度，g 為重力加速度，z 為距海平面的高度。內能是儲存於物質內的能量，而動能和位能是物質外在巨觀的能量，因此物質的總能量 E 為：

$$E（總能）= I（內能）+ \text{KE}（動能）+ \text{PE}（位能）\tag{2-7}$$

熱力學第一定律（the first law of thermodynamics）是能量守恆定律。若 dQ 表示是外界對物質傳入的熱量（heat）（傳入為正值，傳出為負值），dW 是外界對物質所作的功（傳入為正值，傳出為負值），dE 是物質總能的變化，則熱力學第一定律：

$$dE = dI + d\,\mathrm{KE} + d\,\mathrm{PE} = dQ + dW \qquad (2\text{-}8)$$

若物質巨觀動能及位能的變化量可忽略不計，則上式簡化成：

$$dI = dE = dQ + dW \qquad (2\text{-}9)$$

以單位質量來表示：

$$di = dq + dw \qquad (2\text{-}10)$$

即物質比內能的變化是因熱傳及作功二個因素所造成。若物質僅在邊界承受膨脹或壓縮，則所做的功為：

$$dw = -Pd\nu \qquad (2\text{-}11)$$

將上式帶入（2-9）式得：

$$di = dq - Pd\nu \qquad (2\text{-}12)$$

與（2-4）式結合得：

$$dh = dq + \nu\,dP \qquad (2\text{-}13)$$

溫度 T 是「度量物質內分子及原子的平均運動速度」，溫度愈高，平均速度愈快。換言之，溫度 T 是衡量內能的指標，也是物性。

在等容或等壓過程下，每升降一單位的溫度所造成能量的變化量即為等容比熱 C_v 或等壓 C_p 比熱（specific heat）：

$$C_v \equiv \left(\frac{\partial i}{\partial T} \right)_v \quad \text{[kJ/kg-K]} \tag{2-14}$$

$$C_p \equiv \left(\frac{\partial h}{\partial T} \right)_P \quad \text{[kJ/kg-K]} \tag{2-15}$$

C_v 及 C_p 均是物性。由上二式,當無相變化或化學反應,比內能及焓的變化量可由溫差 ΔT 求得:

$$\Delta i = C_V \Delta T \tag{2-16}$$

$$\Delta h = C_P \Delta T \tag{2-17}$$

溫度的變化是表現於外的,因此這種能量的變化量稱作顯熱(sensible heat),且與溫差成正比。在一個開放的流動系統中(如大氣),經常是(或近似)等壓過程,因此顯熱通常是指焓(2-17)式的變化量,即:

$$\Delta q = \frac{\Delta Q}{m} = \Delta h = C_P \Delta T \tag{2-18}$$

　　上式指出,當溫差相同時,比熱愈大,顯熱愈大,亦即物質的熱容量(heat capacity)愈大;反之,則愈小。另方面,當顯熱相同時,比熱愈大,溫差愈小;反之,則愈大。

　　表 2-1 列出一些物質的比熱,顯示水的比熱高於土壤,水對加熱或冷卻造成的溫度變化小於地面,因此大水體(如湖泊、海洋)能在小的溫差下承受大熱量的變化,而具有調節周邊地區溫度的功能。此外,夏季時陸地溫度常高於鄰近的海面溫度,到了冬季,此種情況反轉,這都與物質的比熱或熱容量有關。

　　在等壓過程加入的熱量使液態水蒸發成水氣時,相變化(phase change)即在等溫下發生,此時加入的熱量 ΔQ 與水氣的蒸發量 Δm 成正比:

$$\Delta Q = L \Delta m \tag{2-19}$$

L 是相變化的潛熱(latent heat)。雲滴或雨滴蒸發成水氣,吸收潛熱,使空氣溫度降低。

表 2-1　物質的比熱（J/kg-℃）

物質	比熱
純水	4,186
溼泥	2,512
冰（0℃）	2,093
黏土	1,381
乾空氣	1,005
石英砂	795
花崗岩	794

下列相變化過程冷卻空氣：

蒸發（evaporation）：液體變成水氣

融解（melting）：固體（冰）變成液體

昇華（sublimation）：固體變成水氣

水氣冷凝成雲滴或雨滴，放出潛熱，使空氣溫度增加。下列相變化過程暖化空氣：

凝結（condensation）：水氣變成液體

凍結（freezing）：液體變成固體（冰）

沉澱（deposition）：水氣變成固體（冰）

2.1.3　絕熱及非絕熱過程

式（2-16）及（2-17）亦可用微分表示：

$$di = C_v dT \tag{2-20}$$

$$dh = C_p dT \tag{2-21}$$

結合（2-12）及（2-13）式，可得：

$$di = C_v dT = dq - Pd\mathrm{v} \qquad\qquad (2\text{-}22)$$

$$dh = C_p dT = dq + \mathrm{v}dP \qquad\qquad (2\text{-}23)$$

若爲絕熱過程（adiabatic process），$dq = 0$，則上二式爲：

$$di = C_v dT = -Pd\mathrm{v} \qquad\qquad (2\text{-}24)$$

$$dh = C_p dT = \mathrm{v}dP \qquad\qquad (2\text{-}25)$$

亦即，即使物質與外界無熱量的傳遞，物質仍可經由膨脹或壓縮改變體積或壓力，以改變其溫度，這就如同輪胎放氣時，釋放的氣體瞬間冷卻的現象。

同樣的，氣塊（air parcel）上升或下降因膨脹或壓縮而改變其溫度，不需與環境作熱交換，是絕熱過程。當氣流上升（如：低氣壓、迎風坡面），氣溫降低，體積變大，易形成霧、雲或雨。反之，氣流下沉（如：高氣壓、背風坡面），空氣變暖，體積變小，雲、霧易消散（圖 2-1）。

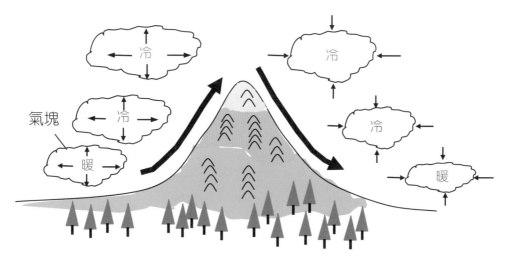

圖 2-1　上升空氣膨脹溫降，下沉空氣壓縮溫升

當物質或系統與外界有熱量的傳遞，即是非絕熱過程（diabatic process），例如煮一壺水、結霜、下雨、暖空氣通過冷地面等。但是熱量總是由高溫傳遞至低溫，以符合熱力學第二定律（the second law of thermodynamics），另敘於第 2.1.6 節。

2.1.4　吉布士相律及狀態方程

一個多成分或多相的系統中，所需獨立變數的數目 f（或自由度 /degree of freedom）以確定其平衡狀態，等於成分數目（number of components）c 減去相數目（number of phases）ψ，再加上 2：

$$f = c - \psi + 2 \tag{2-26}$$

以上就是吉布士相律（Gibbs phase rule）。僅當物質或系統是在平衡狀態，物性才有意義。

例如，水是純物質，當它處在固、液、氣任一相態中，則 $c = 1$，$\psi = 1$，由上式知，需二個獨立變數（如 T，P）以確定其平衡狀態。若是處在任二相態中（如液、氣），則 $c = 1$，$\psi = 2$，此時僅需一個獨立變數（如 T）以確定其平衡狀態。

描述物性與變數的關係稱作狀態方程（equation of state），如純水的狀態方程可用函數 $f(P, ⩝, T) = 0$ 表示。理想氣體的狀態方程即為理想氣體定律（perfect gas law）：

$$P⩝ = \frac{R_u}{\widehat{M}} T = RT \quad \text{or} \quad \rho = \frac{P}{RT} \tag{2-27}$$

上式中，R_u 是通用氣體常數（universal gas constant = 8.314 kJ/K-mole），$\widehat{M}$ 是分子量，R（$=Ru /\widehat{M}$）是氣體常數（gas constant）。可由熱力學證得，理想氣體的比內能（i）僅是溫度的函數。

2.1.5　理想氣體混合物

在無化學反應的理想氣體混合物（ideal gas mixture）中，每一個成分氣體都是理想氣體，行為獨立，不受其他氣體影響。而氣體 i 在理想混合物中的分壓 P_i 定義是：該相同質量的氣體在相同溫度及單獨占有相同體積時的壓力。道耳頓定律（Dalton's law）表示，理想氣體混合物的總壓 P 是分壓之和：

$$P = \sum P_i \qquad (2\text{-}28)$$

同樣的，氣體 i 在理想混合物中的分體積 V_i 的定義是：該相同質量的氣體在相同溫度及相同壓力時占有的體積。由（2-27）式可得，理想氣體混合物的總體積 V 是分體積之和：

$$V = \sum V_i \qquad (2\text{-}29)$$

若氣體 i 的摩耳數（mole number）是 n_i，由（2-27）式可得：

$$摩耳分率 = x_i = \frac{P_i}{P} = \frac{V_i}{V} = \frac{n_i}{n\left(=\sum n_i\right)} \qquad (2\text{-}30)$$

因此，混合物的某一物性（如 φ）即為各氣體摩耳分率的加權值：

$$\varphi = \sum x_i\, \varphi_i \qquad (2\text{-}31)$$

空氣就是一個理想氣體混合物，例如，$\hat{M}$（分子量）$= 28.97$ kg/kmol, $R = 0.287$ kJ/kg-K , $C_p = 1$ kJ/kg-K。

2.1.6　熱力學第二定律

在吸熱（$q > 0$）或放熱（$q < 0$）過程中，物質或系統的熵（entropy）s 的改變量受限於熱力學第二定律，即：

$$ds \geq \frac{\delta q}{T} = \frac{C_p\, dT}{T} \qquad (2\text{-}32)$$

等號僅在可逆過程（reversible process）成立，稱為等熵過程（isentropic process），$ds = 0$。不可逆過程（irreversible process）為不等號。因此，與外界無熱量傳遞及作功的隔絕系統：

$$\therefore ds_{\text{隔絕系統}} \geq 0 \tag{2-33}$$

不等號表示物質或系統的變化過程是有方向性的，例如，當吸熱時，熵必須增加，不可減少；又如，熱量是從高溫傳到低溫。微觀上，熵是物質或系統的亂度（disorder），是一個物性。吸熱時（如全球暖化），亂度增加；放熱時（如冰河時期），亂度減少。

在氣象領域，氣流上升或下沉視爲可逆過程，此時絕熱過程＝等熵過程。但需注意，熵 s 是物性，熱量 q 不是物性。常見物質或系統狀態變化的過程有：

等溫：isothermal（T = 常數）　；等壓：isobaric（P = 常數）

等熵：isentropic（s = 常數）　；等高：contour（z = 常數）

以上某變數爲常數時所對應的曲線，稱爲該過程的等值線（isopleth）。

2.2　熱傳遞機制

物質或系統之間可藉傳導（conduction）、對流（convection）及輻射（radiation）三種機制與環境傳遞熱量。雖然將這些機制分別表述如下，但是它們在大氣中卻是同時進行的，差別只是那一個或那些個機制扮演主控角色。

2.2.1　傳導

傳導是加熱體與受熱體直接接觸的方式，而熱量總是由高溫處傳至低溫處，並可由傅利葉定律（Fourier's law）計算：

$$\vec{Q} = -kA\nabla T \quad 或 \quad \vec{q} = -k\nabla T \tag{2-34}$$

上式中，$\vec{Q}$ 是單位時間的總熱傳導量 [W/s]，$\vec{q}$ 是單位面積的熱通量 [W/s-m²]，A 是垂直於熱量的面積 [m²]，k 是熱傳導係數（thermal conductivity）[W/m-K]，∇T 是溫度梯度 [K/m]。

物質的熱傳導係數愈大，導熱性愈佳。表 2-2 顯示，銀、鐵是良好的導熱體，而空氣是良好的絕緣體。

表 2-2　熱傳導係數 k（W/m-K）

空氣	0.023（@ 20℃）
水	0.60
冰	2.1
乾土壤	0.25
雪	0.63
砂石	2.6
鐵	80.0
銀	427.0

2.2.2　對流

對流是熱源藉由介質如空氣、水或石粒將熱量傳至受熱體的方式，又可分為自然／自由對流（nature/free convection）及強迫對流（forced convection）二種方式。

1. 自然對流：當流體的密度因溫度的差異而產生浮力（buoyant force），推動流體運動者是自然對流。例如，在陽光照射下，地面溫度升高並使空氣受熱變輕，而成熱泡（thermal）上升，如圖 2-2。

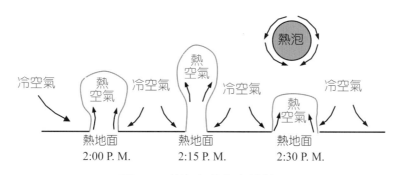

圖 2-2　熱泡上升的自然對流

又如，上升氣流至高空後，終因浮力的減弱而水平移動，隨後下降至地面；而若又流回原處去補充上升氣流，就構成一個對流環流（convective circulation），如圖 2-3。

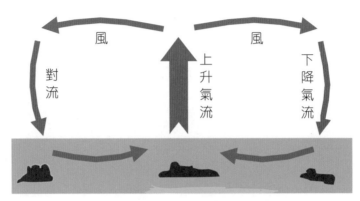

圖 2-3　因熱浮力產生自然對流

氣象學將水平運動稱作風（wind）或平流（advection），將上升及下降的垂直運動稱作對流，因為造成這兩種運動的機制不同，且會產生不同的天氣變化或效應。

2. 強迫對流：當流體受到外力或機械力的推動而運動者稱為強迫對流，如受重力、壓力梯度、風扇、馬達、幫浦等。強迫對流的流場經常是亂流（turbulence）。圖 2-4 顯示，當風吹過障礙物如樹木、房子，產生許多大小不一的渦旋（eddies）。

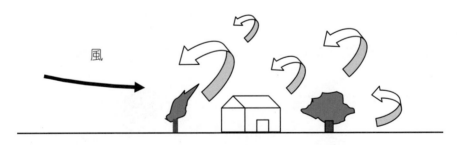

圖 2-4　強迫對流及障礙物後方的渦旋

2.2.3　輻射

所有物體，不論大小，皆會以電磁波向四方輻射能量，並以每秒三十萬公里的光速在真空中傳送能量，波譜（spectrum）如圖 2-5，光速在大氣中僅稍慢些。

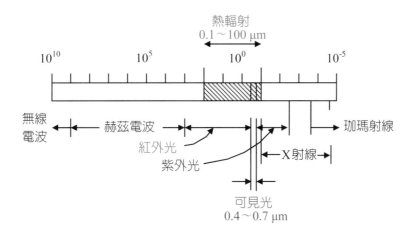

圖 2-5　電磁波的波譜（μm）

　　熱輻射（thermal radiation）的波長為 0.1～100 μm，紅外線的波長 > 0.1 μm，可見光波長為 0.4～0.7 μm，紫外線波長 < 0.4 μm。一般將波長小於 0.1 μm 者視為短波，大於 0.1 μm 者視為長波。

　　物體溫度 T（K）愈高，輻射能 E（W/m²）就愈高。黑體（blackbody）的輻射能以斯特凡 - 波茲曼定律（Stefan-Boltzmann's law）求得：

$$E = \sigma T^4 \tag{2-35}$$

σ 是斯特凡 - 波茲曼常數（= 5.67×10⁻⁸ W/m²-K⁴）。若不是黑體，則為：

$$E = \varepsilon \sigma T^4 \tag{2-36}$$

ε 是物體的發射率（emissivity），值介於 0 與 1 之間，而 ε 為常數者是灰體（grey-body）；黑體是一理想的輻射體，$\varepsilon = 1$。圖 2-6 為黑體、灰體及實際物體輻射能的比較（Hsieh, 2013）。

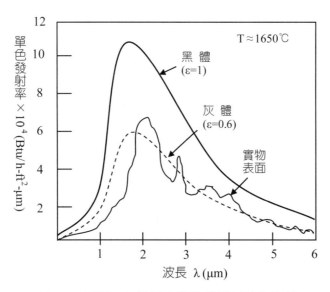

圖 2-6 黑體、灰體及實際物體輻射能的比較

當一束輻射線射到物體表面時,有一部分自表面被反射出去,有一部分被物體吸收,有一部分穿過物體。茲定義:

$\rho \equiv$ 反射率(reflectivity)= 反射輻射量 / 入射輻射量

$\alpha \equiv$ 吸收率(absorptivity)= 吸收輻射量 / 入射輻射量

$\tau \equiv$ 透射率(transmissivity)= 透射輻射量 / 入射輻射量

因此, $$\rho + \alpha + \tau = 1 \tag{2-37}$$
上式亦適用於任一波長 λ 的射線:

$$\rho_\lambda + \alpha_\lambda + \tau_\lambda = 1 \tag{2-38}$$

易於吸收輻射的物體亦易於發射輻射,太陽是近似理想的發射體及吸收體,即 $\varepsilon = \alpha \approx 1$。若不考慮雲層、懸浮粒等的吸收、反射等效應,地表也近似理想輻射體。但大氣是選擇性吸收體(selective absorber),它讓可見光到達地表,但吸收地球放射出的長波輻射。

因此，大氣並非直接從太陽獲得大部分的能量，主要是由地表吸收能量後輻射回天空，進而加熱大氣。

2.3　太陽及地球的輻射

太陽表面的平均溫度約 6000 K，地球表面的平均溫度約 288 K。圖 2-7 顯示太陽輻射的能量集中在 0.1～2 μm 範圍，地球輻射的能量集中在 5～25 μm 範圍。因此，太陽是短波輻射，地球是長波輻射。

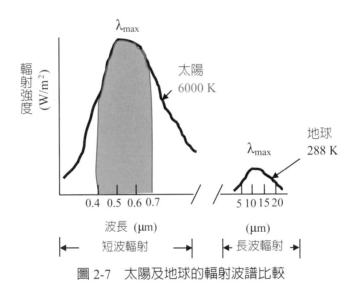

圖 2-7　太陽及地球的輻射波譜比較

而所對應最大輻射能的波長，$\lambda_{\max}(\mu m)$，可由維恩位移定律（Wien's displacement law）求得：

$$\lambda_{\max} = \frac{2897}{T} \tag{2-39}$$

上式中，T 是絕對溫度（K）。例如，當 $T = 6000$ K 時，$\lambda_{\max} = 0.48$ μm；當 $T = 288$ K 時，$\lambda_{\max} = 10$ μm。

2.4 太陽輻射的衰減

太陽的輻射穿越太空，在碰觸到大氣之前是不受到任何的干擾。太陽常數（solar constant）的定義是，當地球與太陽相隔在平均距離時，太陽在單位時間垂直射到大氣頂的能量。圖 2-8 是美國國家航空暨太空總署（NASA）量測的波譜，曲線下的面積即是太陽常數，其值為 1353 W/m²（Wallace and Hobbs, 2006）。由於地球與太陽的平均距離會有些微變動，此值一年的變化量是 3.5%。

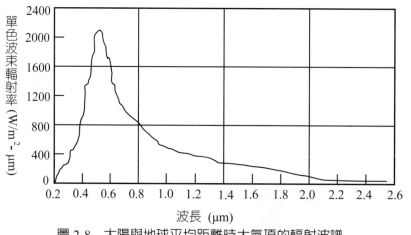

圖 2-8　太陽與地球平均距離時大氣頂的輻射波譜

當太陽的輻射進入大氣後，即受到許多因素的干擾。例如，有些能量被氣體吸收，如高空的臭氧。而當光線撞到分子、原子、離子、微粒、雲層等飄浮在大氣中的物體時，除部分被吸收、反射外，光線亦會向四方散射，造成輻射能量的衰減。

圖 2-9 示出太陽在頭頂正上方時的二條光譜線，上曲線是太陽射至大氣頂的輻射能，下曲線是太陽射至海平面的輻射能，兩條曲線間的面積就是太陽光穿過大氣到達地表輻射能的衰減量，此衰減量包含兩部分（Wallace and Hobbs, 2006）：

無陰影面積：雲及氣懸膠吸收及反散射至太空的輻射量，以及空氣分子反散射至太空的輻射量。

有陰影面積：空氣分子的吸收量，包括 O_3、O_2、H_2O、CO_2。

並得到以下結論：

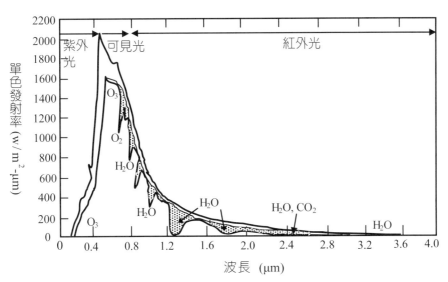

圖 2-9　大氣頂及海平面的太陽輻射能波譜

1. 幾乎所有波長小於 0.31 μm 的輻射能在未到達對流層時已被氣體分子吸收（主要是 O_2、O、N_2、N、O_3）。高空大氣對波長大於 0.35 μm 的射線幾乎是透明的。

2. 超過一半以上的太陽輻射穿過一道寬廣的窗（0.3～1.3 μm）到達地球表面，其最大輻射能波長對應著可見光（0.4～0.7 μm）。

3. 紅外線（> 1.0 mm）主要是在對流層被 H_2O 吸收，其次是 CO_2。

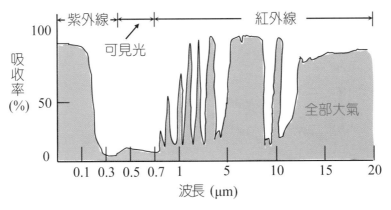

圖 2-10　太陽輻射被大氣中氣體的吸收率（陰影）

圖 2-10 是最終太陽輻射被大氣中氣體的吸收率（%）（Ahrens, 2012），因爲地球是長波輻射（5～25 μm），顯示大部分的紅外線輻射被 H_2O（5.5～8.5 μm）及 CO_2（> 13 μm）吸收，而在 8～13 μm 可供地球向外太空輻射，是所謂的大氣視窗（atmosphere window），唯其中的 9～10 μm 大部分被 O_3 吸收。

2.5　全球的能量平衡

儘管任一地方一年當中溫度的變化可能很大，但在長時期的平均下，地球表面及大氣均維持在穩定的平衡溫度，因此兩者所接收到的能量等於各自所失去的能量。

1. 地球表面的能量平衡

在長時間的全球平均下，地球表面的能量平衡式爲：

$$SW_a + LW_i \cong LW_o + H_{sensible} + H_{latent} \tag{2-40}$$

其中，SW_i 及 LW_i 分別是地球表面吸收太陽短波及長波輻射能通量，LW_o 是地球表面以長波向外射出的輻射能通量，$H_{sensible}$ 及 H_{latent} 分別是地球表面散失到大氣的顯熱及潛熱。

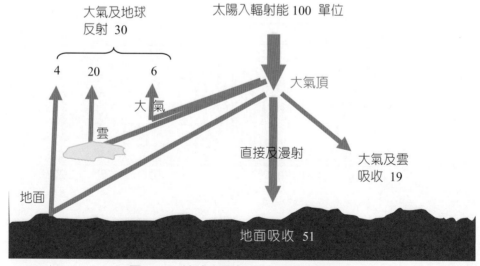

圖 2-11　地球表面年平均淨得能量概估

　　圖 2-11 為地球表面長期平均能量概估，顯示 30 單位（30/100 = 30%）的太陽入射能量（SW_a）被地球及大氣反射到太空，19 單位被大氣及雲吸收（H_2O、dust 及 O_3 占 16 單位，雲占 3 單位），因此到達地面的淨得輻射量是 51 單位。而如圖 2-12，地球以紅外光（LW_o）向太空釋出 21（= 6 + 15）單位的輻射能，另以 7 單位的顯熱及 23 單位的潛熱釋放至大氣，合計失去 51 單位的能量。亦即，地球表面得到與失去的能量相同（Ahrens, 2012）。

2. 大氣的能量平衡

　　圖 2-12 顯示，大氣吸收 19 單位的太陽入射能，另外吸收來自地球表面 30（= 7 + 23）單位的顯熱及潛熱，合計得到 49 單位的能量。但是大氣以紅外光向太空釋出 64（= 38 + 26）單位的輻射能，另外吸收地表紅外線 15 個單位，合計失去 49 單位的能量。同樣地，大氣得到與失去的能量相同（Ahrens, 2012; Wallace and Hobbs, 2006）。

　　表 2-3 列出一些物體表面的反照率，地球及大氣對太陽的反照率（albedo = 反射的輻射能 / 入射的輻射能）約為 30%。

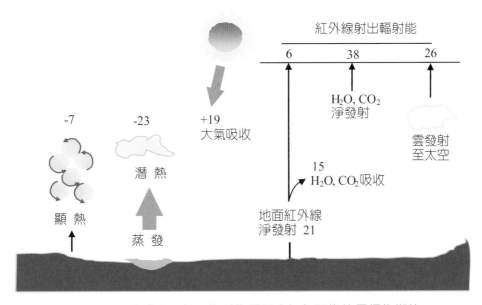

圖 2-12　地球表面年平均淨失量及大氣年平均能量得失概估

表 2-3　物體表面代表性反照率

物體	反照率
雪	0.75～0.95
雲（厚）	0.6～0.90
雲（薄）	0.3～0.50
冰	0.3～0.40
沙	0.15～0.45
地球及大氣	0.30
水	0.10
森林	0.03～0.10
月球	0.07
火星	0.17
草地	0.10～0.30
乾的耕地	0.05～0.20
金星	0.78

2.6　溫室效應

即便戶外冷，苗圃或花房是一個溫暖的房間，即溫室。溫暖的原因是採用具有波長選擇性的玻璃，讓可見光及近紅外線容易穿透。一旦太陽輻射進入並被室內的物體吸收，大部分的能量無法再輻射出室外，這種現象就稱做溫室效應（greenhouse effect），如圖 2-13。

太陽是以短波輻射進入大氣及地球，地球是以長波輻射至太空，而大氣中的雲、水氣、二氧化碳等物質會吸收部分的長波輻射能，當進來的多於出去的輻射能時，就有暖化地球及大氣的效果，這種現象類似溫室效應；特別是二氧化碳濃度因工業排放而逐年增加，是造成全球暖化（global warming）的主要原因之一。

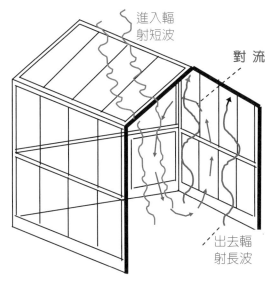

進入輻
射短波

對　流

出去輻
射長波

圖 2-13　溫室效應：長波輻射被困在室內

思考・練習二

1. 海洋與地表對周圍溫度的變化有何差異？

2. 物質是經由何種方式改變內能？

3. 試證，若是理想氣體（如空氣）：$C_p - C_v = R$。

4. 試證，若是不可壓縮的物體（如水及冰）：$C_p = C_v$。

5. 需加入多少的熱量，方可將 0.5 kg 的水增加 10℃？

6. 何以氣塊上升或下降是絕熱過程？

7. 物質經由何種方式與環境傳輸能量？

8. 在表 2-2 中，何物質是最好的絕熱體？何物質是最好的導熱體？

9. 何謂對流？何謂風？

10. 續上，這兩種運動會產生何種不同的天氣變化或效應？

11. 熱輻射的波長範圍為何？

12. 就透光性而言，地表和大氣有何差異？

13. 哪些因素造成太陽輻射至地面的能量衰減？

14.列出四種吸收太陽輻射的氣體。

15.哪些過程使地球及大氣的整體反照率是 30%？

第 3 章

季節、日照量及日常溫度

　　地球繞行太陽的軌道呈橢圓形，此軌道面稱爲黃道面（ecliptic plane），如圖
3-1。在黃道面上，地球與太陽最近的距離大約是 147 百萬公里，此位置稱做近日點
（perihelion），是在每年的 1 月 3 日左右；地球與太陽最遠的距離大約是 152 百萬公里，
此位置稱作遠日點（aphelion），是在每年的 6 月 3 日左右，如圖 3-2。雖然近日點的日
照量高出遠日點約 7%，然而實際上冬季的日照量卻遠低於夏季。因此，季節變化的原因
不是地球與太陽的距離，而另有其他因素。

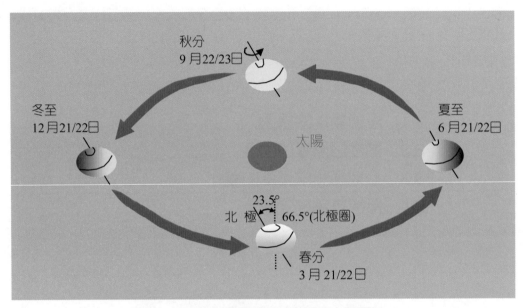

圖 3-1　地球在橢圓形的黃道面繞太陽運行

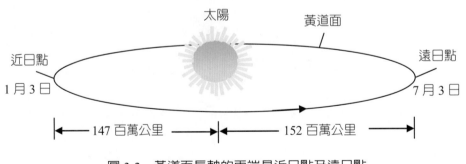

圖 3-2　黃道面長軸的兩端是近日點及遠日點

此外，日常溫度受到日照量的影響，而日照量又與太陽入射線從大氣頂到達地面的距離及太陽高度有關。以上這些即是本章的重點。

3.1　季節變化的原因

地球每天繞極軸（polar axis）自轉一圈，每年在黃道面上公轉一回。地球的極軸恆指向遙遠的北極星，但以 23.5° 傾斜黃道軸（ecliptic axis）。因此，無論是在一年中的何時，地球的極軸總是傾斜於相同的方向。這意味著，北半球有半年的時間朝向太陽，另半年的時間離開太陽。極軸傾斜使日照量產生季節性的變化，是造成季節變化的主因（見下節）。

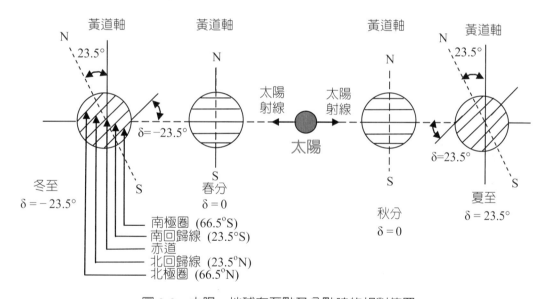

圖 3-3　太陽－地球在至點及分點時的相對位置

太陽偏角（solar declination），δ，又稱太陽赤緯，是由赤道面到太陽光線的夾角（向北為正，向南為負）。圖 3-3 顯示，太陽光線在春分（spring equinox）及秋分（autumnal equinox）直射赤道，$\delta = 0°$，此時地球上每一點都有 12 小時的白晝及夜晚，通常是在北半球的 9 月 21～23 日及 3 月 21～23 日。太陽光線在夏至（summer solstice）直射北緯 23.5°，$\delta = 23.5°$，通常是在北半球的 6 月 21～23 日，並構成北回歸線（Tropic of Cancer），最南可達南緯 66.5°。太陽光線在冬至（winter solstice）直射南緯 23.5°，$\delta =$ –23.5°，通常是在北半球的 12 月 21～23 日，並構成南回歸線（Tropic of Capricorn），最北可達北緯 66.5°。亦即，一年之中，–23.5° ≦ δ ≦ +23.5°。南半球的春、夏、秋、冬對應著北半球的秋、冬、春、夏。

以地球在軌道運行位置所訂的四季，是天文曆（astronomical calendar），比一般使用的陽曆（solar calendar）慢了約三個星期，而春、秋兩季可分別視爲冬到夏和夏到冬的過渡期。

3.2　影響日照量的因素

3.2.1　晝光時數

太陽光照射在地面的時間隨著緯度及季節而變化，晝光時數（daylight length）也不相同。在春分及秋分，除北極與南極外，地球上每一個地方都有 12 小時的白晝及夜晚。夏至時，北半球向太陽傾斜，白晝時數多於夜晚，且高緯度白晝時數多於低緯度。冬至時，北半球離開太陽，夜晚時數多於白晝，且高緯度夜晚時數多於低緯度（圖 3-4）。

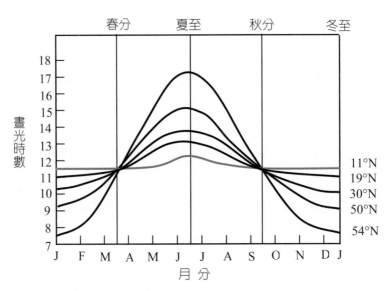

圖 3-4　晝光時數隨緯度而變化

3.2.2　太陽光程及太陽高度對日照量的影響

　　晝光時數長並不表示日照量（入日射量，amount of insolation-incoming solar radiation）多，例如在圖 3-4，北緯 54° 夏至的白晝約有 17.5 小時，多於北緯 30° 的 14 小時，然而低緯度的氣溫通常高於高緯度。

　　圖 3-5 上曲線是 6 月 21 日在北半球大氣頂的日照量，下曲線是在同一天實際到達地面的日照量。大氣頂的日照量從赤道一直增加到極地，亦即儘管太陽以較大的角度射入高緯度，但晝光時數亦隨緯度之增加而增加，因此在極地的日照量最大。然而實際到達地球表面的日照量卻小於到達大氣頂的日照量，其最大值是在 30°N，之後隨著緯度的增加而遞減至北極。雖然夏至時太陽直射 23.5°N，但此處潮溼多雲，反射較多的陽光，且晝光時數較 30°N 短，因此 30°N 的日照量大於北回歸線（23.5°N）。

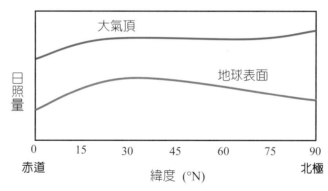

圖 3-5　大氣頂及地面在 6 月 21 日（夏至）接收到的相對日照量

　　圖 3-6 為在 12 月 21 日實際到達地面的日照量，亦顯示最大值約在 30°N，之後隨著緯度的增加而向北極遞減。造成到達地面日照量小於大氣頂的原因是，由於地球是曲面，一年當中任一天照射到地面上之日照量隨大氣光程（mass of air，太陽光線由大氣頂到達地面的距離）的不同而不同，如圖 3-7。高緯度的大氣光程較低緯度長，照射到地面的面積也較大，這都減少了高緯度的日照量。況且，大氣光程愈長，太陽光就被更多的微粒、空氣分子及雲層反射、吸收或散射（見第二章），進一步削減了到達地面的日照量。

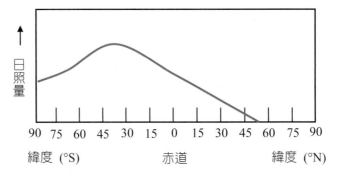

圖 3-6　地面在 12 月 21 日（冬至）接收到的相對日照量

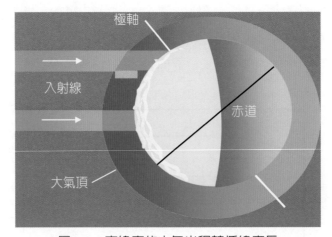

圖 3-7　高緯度的大氣光程較低緯度長

　　太陽東升西落，但是一天當中劃過天際的軌跡隨當地時間、緯度及季節而變化，太陽光程亦不相同。圖 3-8(a)～(c) 顯示，在赤道區的春分及秋分中午 12:00，太陽在正上方，在夏至太陽在偏南方，在冬至太陽偏北方。太陽在中緯度區整年偏南方，在極地帶之夏季盡日在天空環繞，是為「永晝」，在冬天則在遠處的地平線環繞，是為「永夜」。圖 3-9 是在挪威三天拍攝合成的子夜太陽（Midnight Sun）。

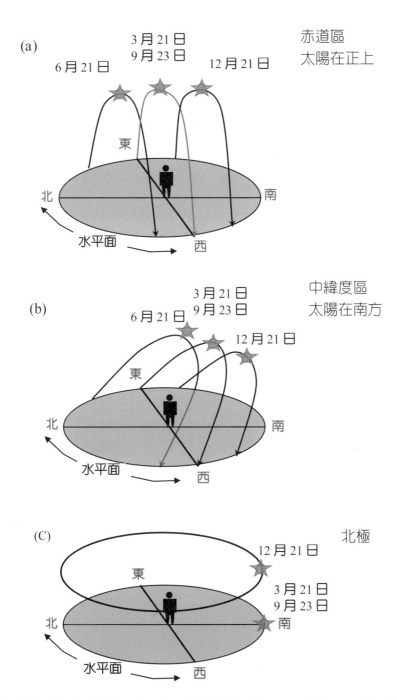

圖 3-8　太陽在春分、秋分、夏至、冬至在天際劃過的軌跡：(a) 赤道，(b) 北半球中緯度地區，
　　　　(c) 北極

圖 3-9　在挪威三天拍攝合成的子夜太陽（https://youtu.be/eKFb1lIwGYU）

太陽高度（solar altitude）α 又稱太陽仰角，是水平面至太陽射線的角度，而天頂角（zenith angle）z 是太陽射線與垂直線的角度，如圖 3-10，即：

$$\alpha + z = 90° \tag{3-1}$$

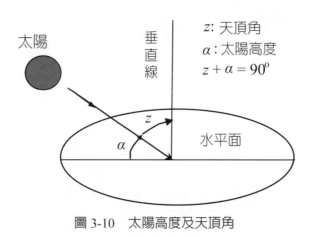

圖 3-10　太陽高度及天頂角

以上這些現象顯示，太陽劃過天際的軌跡就反應在太陽高度上，也影響大氣光程。當太陽在頭頂時（α = 90°），高度最高，日照最強，大氣光程最短；當太陽高度減少，如在黃昏時斜射（α ≈ 60°），除使大氣光程增加外，同時擴大了照射在地面的面積，以致日照強度變弱。

當某地的緯度 φ、太陽偏角 δ 和時角（hour angle）h 已知，如圖 3-11，則可證得（Hsieh, 2013）：

$$\cos z = \sin \varphi \sin \delta + \cos \varphi \cos \delta \cos h \qquad (3-2)$$

$$m = \frac{1}{\cos z} \qquad (3-3)$$

其中，m 為大氣光程，在海平面，$z = 0°$，$m = 1$；當 $z = 60°$，$m = 2$；在大氣頂，$m = 0$。

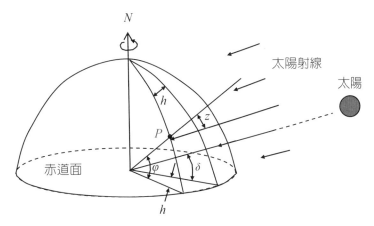

圖 3-11　地面 P 點的緯度 φ、時角 h 及太陽偏角 δ

圖 3-12 為太陽常數 1353 W/m² 在不同大氣光程的波束輻射能（beam radiation）波譜，曲線下方的面積就是日照量，顯示太陽直射到海平面（$\alpha = 90°$，$m = 1$）的日照量為 956.2 W/m²，斜射到海平面（$\alpha = 14.5°$，$m = 4$）的日照量為 595.2 W/m²，即實際到達地面的日照量分別為太陽常數的 71% 及 36%（Hsieh, 2013）（註：波束輻射能是指波束未改變方向而被地面吸收的輻射能）。

3.2.3　年平均淨日照量

綜上所述，受到大氣光程及太陽高度的影響，到達地球表面的日照量分布是不均勻的。此外，光束在穿過大氣到達地面時，部分能量又被吸收、反射、散射而衰減。以年平均觀之，低緯度（30°S～30°N）有多餘的日照量，高緯度日照量卻虧損，尤其是在兩個極

地圈內（圖 3-13）。因此，大氣環流及洋流對全球熱量傳輸、溫度調節及水氣交換上扮演不可或缺的角色。

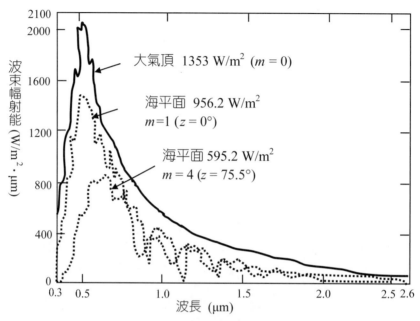

圖 3-12　不同大氣光程的輻射能波譜

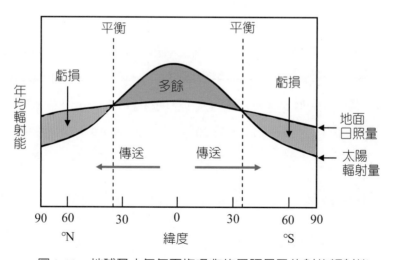

圖 3-13　地球及大氣年平均吸收的日照量及放射的輻射能

3.3　近地面日常溫度的變化

3.3.1　白天暖、夜晚冷

日常溫度隨日出、日落而變化，若日照量多於地面失去的熱量，氣溫上升；反之，氣溫下降。在圖 3-14 的例子中，6 點氣溫最低，日出後氣溫上升，中午時刻日照量最強盛，下午 4 點溫度最高。

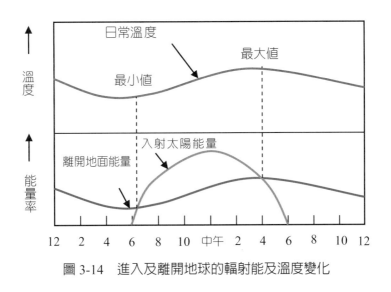

圖 3-14　進入及離開地球的輻射能及溫度變化

白天在靜風或風速慢的時候，熱泡通常難與地面空氣作有效混合，因此垂直溫降較大。而在有風的時候，亂流使得混合效果好，垂直溫降較小，如圖 3-15。

在無雲或疏雲的夜晚，長波輻射使地面冷卻，造成輻射／夜間逆溫（radiation/nocturnal inversion），且靜風時的逆溫尤明顯（圖 3-16）。

通常近地面的溫較差（temperature range = T_{max} - T_{min}）最大，在高處則較小（圖 3-17）。在潤溼地區，溫較差通常較小。沙漠的溫較差頗大，如撒哈拉沙漠晝夜溫較差可達 50 ℃。

山谷在夜晚溫度通常較低，當輻射逆溫顯著時，因冷空氣駐留在谷底，谷底溫度比斜坡低，空氣品質亦差。在中緯度，這種暖斜坡稱為溫度帶（thermal belt），不像谷底溫度可能低於冰點而不利植栽，如圖 3-18。

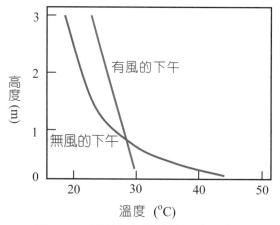

圖 3-15　靜風及有風時的垂直溫度剖面

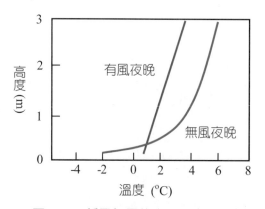

圖 3-16　靜風無雲的夜晚易產生輻射逆溫

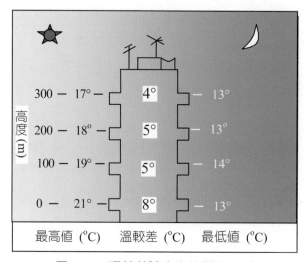

圖 3-17　溫較差隨高度的增加而減少

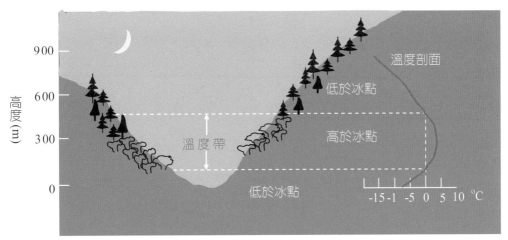

圖 3-18　夜晚輻射逆溫易劣化谷地的空氣品質

3.3.2　溫度控制因子

　　局部溫度受緯度、陸地及水體、洋流及海拔（elevation）或高度（altitude）的影響，這些就是溫度控制因子（control factors of temperature）。

　　如前節所述，緯度直接影響大氣光程，因此是局部溫度的首要控制因子。圖 3-19 為 1 月（上）及 7 月（下）全球近海平面平均氣溫分布。兩圖均顯示全球氣溫基本上呈緯向的分布，溫度由赤道向兩極逐漸降低。

　　此外，在 1 月的圖中（圖 3-19 上），內陸地區的溫度遠低於同一緯度靠近沿海地區的溫度，此情況在 7 月的圖中卻相反（圖 3-19 下），內陸地區的溫度高於同一緯度靠近沿海地區的溫度。原因是水的比熱遠高於陸地，對加熱或冷卻所造成的溫度變化遠小於陸地，因此內陸地區不時經歷溫差極大的變化。反之，湖泊及海洋是個大水體，具有調節內陸及濱海地區溫度的功能。經常，海陸溫差在冬夏二季反轉，是造成某些地區季風反轉的主要因素（第 11.2 節）。

　　氣溫隨高度的增加而降低，因此高山、高原的溫度低於平原。因此在全球氣候分類中，常將此種高地氣候獨立出來（第 16 章）。

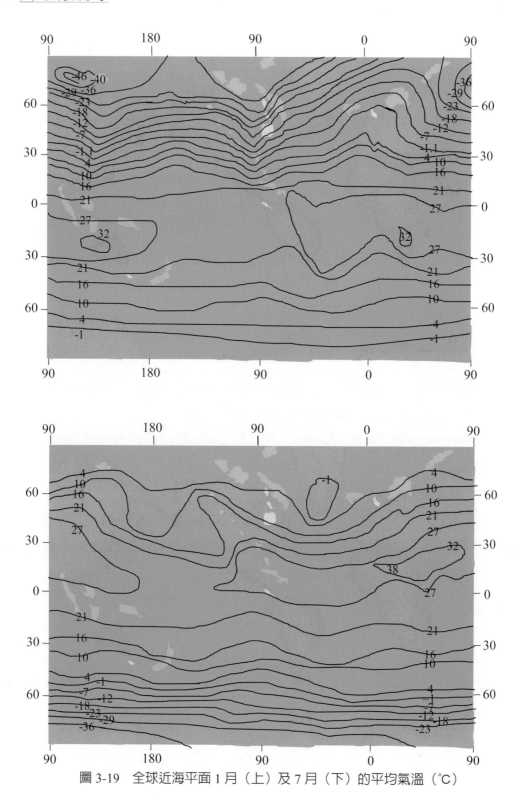

圖 3-19　全球近海平面 1 月（上）及 7 月（下）的平均氣溫（℃）

3.4　風寒及溼度效應

人們對冷或熱的感覺除了受氣溫的影響外，也受到風速及溼度的影響。在冬天，風速較高，感覺空氣更冷，這是因爲風從身體帶走更多的熱量，這種現象稱爲風寒（wind chill）。

風寒相當溫度（wind-chill equivalent temperature），ET_{WC}，即是度量此種風寒效應，如表 3-1，並可由下式求得（Ahrens, 2012）：

$$ET_{WC}\,(℃) = 13.12 + 0.6215\,T - 11.37\,V^{0.16} + 0.3965\,T\,V^{0.16} \tag{3-4}$$

上式中，T 是氣溫（℃），V 是風速（km/h）。

表 3-1　風寒相當溫度

風速（km/h）	氣溫（℃）													
	8	4	0	-4	-8	-12	-16	-20	-24	-28	-32	-36	-40	-44
0	8	4	0	-4	-8	-12	-16	-20	-24	-28	-32	-36	-40	-44
10	5	0	-4	-8	-13	-17	-22	-26	-31	-35	-40	-44	-49	-53
20	0	-5	-10	-15	-21	-26	-31	-36	-42	-47	-52	-57	-63	-68
30	-3	-8	-14	-20	-25	-31	-37	-43	-48	-54	-60	-65	-71	-77
40	-5	-11	-17	-23	-29	-35	-41	-47	-53	-59	-65	-71	-77	-83
50	-6	-12	-18	-25	-31	-37	-43	-49	-56	-62	-68	-74	-80	-87
60	-7	-13	-19	-26	-32	-39	-45	-51	-58	-64	-70	-77	-83	-89

來源：Ahrens, 2012。

此外，夏天較高的溼度使人感覺更熱，這是因爲它減少汗水的蒸發，熱指數表面溫度（heat index apparent temperature）即是度量溼度效應的指標，如表 3-2。

當溼度低時（$RH \leqq 30\%$），人體感受的溫度要比實際溫度低，此由於汗水的蒸發使人感覺冷。當 $RH \geqq 30\%$ 時，體感溫度卻高於實際溫度。但如以「舒適度」而言，卻有差異，例如，$T = 24℃$，$RH = 40\%$ 較 $T = 24℃$，$RH = 70\%$ 舒適。

表 3-2　熱指數表面溫度

相對溼度 （%）	氣溫（℃）						
	20	25	30	35	40	45	50
0	16	21	26	30	35	39	43
10	19	23	27	31	37	43	49
20	21	24	28	33	40	48	57
30	23	25	29	35	44	55	
40	24	25	30	38	49	63	
50	24	26	31	41	55		
60	25	26	33	45	62		
70	24	27	35	49			
80	24	27	37	55			
90	24	28	40	61			
100	24	29	43				

來源：Ahrens, 2012。

思考・練習三

1. 造成四季變化的原因為何？

2. 一年當中，北半球的向陽面大多在何方向？

3. 上午 8 點及中午 12 點，何者的大氣光程較長？

4. 簡述太陽光程對日照量的影響。

5. 簡述太陽高度對日照量的影響。

6. 年平均淨日照量如何隨緯度而變化？

7. 在圖 3-14，為何最高溫在下午四點？

8. 有風及無風，如何影響低空的垂直溫降？

9. 何謂溫熱帶？

10. 有哪些溫度控制因子？

11. 在一個無風清晴朗的白天，為何體感溫度高於溫度計的值？

大氣水分

雖然水氣僅占空氣成分不到 4%（表 1-1），肉眼看不見，但是它的多變性使蔚藍的天空多采多姿，從朵朵白雲到雨雪霏霏，乃至河川、海洋、冰山等到處都有它的蹤影。這些說明水分子藉由吸熱及放熱過程，會以固態、液態及氣態的樣貌活躍於自然界。

空氣中水氣的多寡，除了反應在體感的潮溼和乾燥外，亦影響霧的濃淡、雲層的厚薄。而雲層中的雲滴及水滴是曲面非平面，因此其水氣壓不同於同溫度的平面水，這又影響到雨滴及冰晶的成長和降水過程，這些都與大氣水氣有關，也就是本章探討的重點。

4.1　飽和水氣壓

在一個封閉的空氣容器中部分充填著水，如圖 4-1，當水面分子的蒸發速率等於水氣的凝結速率，整體是處在平衡狀態，此時若再添加水氣，由於已超過空氣所能含的水氣量，就會生成水滴，因此空氣是飽和的（saturated），此時容器中的水氣分壓就是飽和水氣壓（saturation vapor pressure），也是平衡水氣壓（equilibrium vapor pressure）。

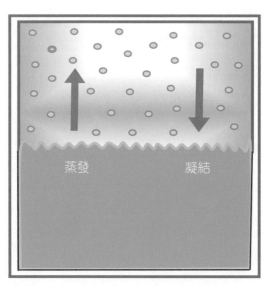

蒸發　　　　　凝結

圖 4-1　飽和時，液態水分子的蒸發速率等於水氣的凝結速率

就水而言，飽和是液—氣間的相平衡（phase equilibrium），由吉布士相律（2-28）式，飽和水氣壓僅是氣溫的函數。圖 4-2 及表 4-1 為平面水的飽和水氣壓 P_s，顯示隨溫度

T 的增加而增加。

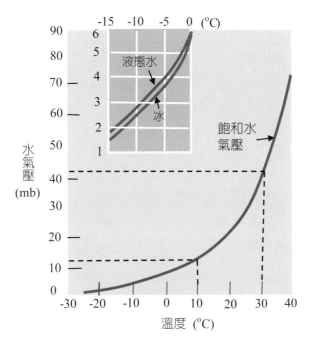

圖 4-2　平面純水的飽和水氣壓

表 4-1　平面純水的飽和水氣壓

T（℃）	P_s（mb）	T（℃）	P_s（mb）
-18	1.50	35	56.20
-15	1.93	40	73.83
-12	2.45	45	95.93
-10	2.87	50	123.5
-8	3.35	55	157.6
-4	4.55	60	199.4
-2	5.28	65	250.3
0	6.11	70	311.9
5	8.72	75	385.8
10	12.28	80	473.9
15	17.05	85	578.3
20	23.38	90	701.3
25	31.69	95	845.5
30	42.46	100	1013.3

圖 4-2 中的小插圖顯示，在冰點以下，水面的飽和水氣壓大於同溫度冰面的飽和水氣壓。換言之，在冰點以下，水面需要蒸發更多的分子去飽和空氣，這是因為液體的聚合力小於固體的聚合力，以致分子離開液面較離開固體面容易，這種現象在雨滴形成及降雪機制上扮演關鍵作用（見第七章）。

飽和水氣壓可由克勞修斯—克拉佩龍式（Clausius-Clapeyron equation）表示（Stull, 2015）：

$$\left(\frac{dP}{dT}\right)_s \approx \frac{L}{Tv_g} = \frac{PL}{R_vT^2} \tag{4-1}$$

上式中，v_g 是水氣的比容，L 是潛熱，R_v 是水氣的氣體常數（$= 461$ J/K-kg）。若將水氣視為理想氣體，積分上式可得：

$$P_s = P_0 \times \exp\left[\frac{L}{R_v} \times \left(\frac{1}{T_0} - \frac{1}{T}\right)\right] \tag{4-2}$$

上式中，當 $T_0 = 273$ K，$P_0 = 6.11$ mb，且：

平面水：$L = 2.5 \times 10^6$ J/kg，$L/R_V = 5423$ K
平面冰：$L = 2.83 \times 10^6$ J/kg，$L/R_V = 6139$ K

固體的聚合力大於液體，因此冰的潛熱較水的潛熱大。

以上所述的飽和（平衡）狀態，同樣適用於固液間的融解／凍結（melting/freezing）及凝結（condensation），或氣固間的昇華（sublimation）及沉澱（deposition）。

4.2　溼空氣及溼度

溼空氣（moist air）是乾空氣（dry air）及水氣的混合物，由吉布士相律（2-28）式（$c = 2$, $\psi = 1$），需要三個獨立變數去確定其平衡狀態。水氣在溼空氣中的含量稱為溼度（humidity），一般有三種度量方式：

相對溼度（relative humidity）：$\phi \equiv \dfrac{P_v(T)}{P_s(T)} \times 100\%$　　　　　　　　　（4-3）

混合比（mixing ratio）：　　　$r \equiv \dfrac{m_v}{m_a}$　[kg/kg]　　　　　　　（4-4）

比溼（specific humidity）：　　$q \equiv \dfrac{m_v}{m_a + m_v}$　[kg/kg]　　　　　　（4-5）

上式中，P_v 及 P_s 分別是在溫度 T 時的水氣分壓（即實際水氣壓）及飽和水氣壓；m_v 及 m_a 分別是水氣及乾空氣的質量。因此，

$$P_v = \phi P_s, \quad q = r/(1 + r), \quad r = q/(1 - q) \tag{4-6}$$

並可證得（見例題 3）：

$$\frac{r}{r_s} = \frac{r(T_d)}{r_s(T_s)} = \frac{P_v}{P_s} = \phi \tag{4-7}$$

通常 $m_v << m_a$，$\dfrac{|r-q|}{r} \leq 2\%$，因此 $r \approx q$。

　　茲以圖 4-3 水的液（L）－氣（G）飽和線作說明，水氣的溫度為 T，水氣分壓為 $P_v = P_2$。水氣在 $T = T_s$ 飽和時 $P_s = P_1$，故相對溼度 $\phi = P_2/P_1$。相對溼度 ϕ 是同溫度下水氣分壓與水氣飽和壓力的比值，飽和時 $\phi = 100\%$。混合比 r 及比溼 q 是水氣與空氣質量間的比值，只要水氣沒有飽和，混合比 r 及比溼 q 皆維持不變。

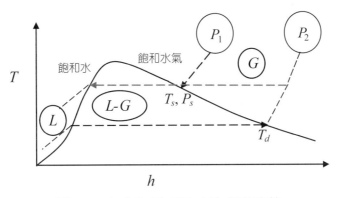

圖 4-3　水（L）及水氣（G）的飽和線

露點（dew point 或 dew-point temperature）T_d 的定義是水氣在等壓過程冷卻至飽和液的溫度，是等壓線 P_2 與飽和線的相交點，若此時水氣冷凝成冰，則為霜點（frost point）。在圖 4-3 中，T_s 雖為飽和溫度但非露點，T_d 才是露點，且 $T = T_s \geq T_d$，僅當水氣冷卻至露點時，$T = T_s = T_d$。露點可由（4-2）式求得：

$$T_d = \left[\frac{1}{T_0} - \frac{R_v}{L} \times \ln\left(\frac{P_v}{P_0} \right) \right]^{-1} \tag{4-8}$$

上式中，$T_0 = 273$ K，$P_0 = 6.11$ mb，$R_v/L = 0.000184$ K^{-1}。

例題 1

已知氣溫為 20℃時的相對溼度為 40%，則露點為何？

解：

由表 4-1，$T = 20$℃時的 $P_s = 23.38$ mb

$P_v = \phi P_s = 0.4 \times 23.38 = 9.35$ mb

又由表 4-1 做線性內插，$P_v = 9.35$ mb 時 $T_s = 5.9$℃ $= T_d$（露點）。

註：若用（4-8）式，可得 $T_d = 6.1$℃。（兩者均～6℃）

例題 2

已知氣溫為 30℃時的露點為 20℃，求相對溼度。

解：

由表 4-1，$T = 30$℃時的 $P_s = 42.4$ mb

$T_d = 20$℃時的 $P_v = 23.38$ mb

$\phi = P_v / P_s = 23.38/42.4 = 55\%$

一天之中氣壓的變化通常不大，因此露點是觀察日常天氣變化非常重要的指標，它是水氣開始冷凝成露、霜或霧的溫度，並可用來預測最低溫度或積雨雲的底部高度（第 5 章）。

4.3　水滴的飽和水氣壓

前面所述的 P_s 是平面純水的飽和水氣壓，當 $\phi = 100\%$ 或 $T = T_s = T_d$ 時，水氣就會凝結成液態水。而實際在空氣中小水滴（droplet）為曲面，使得 $\phi > 100\%$ 或 $P_v > P_s$ 仍為液態，液滴是處在過飽和（supersaturated）狀態。同樣地，水滴冷卻變成冰晶（ice crystal），需低於飽和冰點，是處在過冷的（subcooled）狀態，此種現象稱為曲率效應（curvature effect）。此外，若水滴含有雜質，飽和壓力亦會改變，此種現象稱為溶質效應（solute effect），分述於下。

1. 曲率效應

若純液滴的水氣壓為 P_d，因液滴是曲面，在平衡狀態 P_d 需抵銷液滴的表面張力（σ）才能與 P_s 保持平衡，故 $P_d > P_s$，如圖 4-4。因此純水滴的飽和水氣壓高於平面水的飽和壓力。換言之，純水滴需在相對溼度大於 100% 時才會蒸發成水氣。

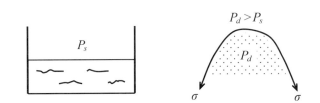

圖 4-4　平衡時水滴的飽和氣壓大於平面水的飽和氣壓

由熱力學可證得，若純水滴的半徑是 R_d（μm），則飽和氣壓 P_d 為（Iribarne and Godson, 2009）：

$$P_d = P_s \exp\left(\frac{A}{R_d}\right) \tag{4-9}$$

上式中，$A = \dfrac{2\hat{M}\sigma}{\rho R_u T}$，$\hat{M}$是分子量，$\sigma$是表面張力，$P_s$是平面水的飽和壓力。若將指數項展開且僅取第一階項（first-order term），或是 $A/R_d \ll 1$，上式簡化爲：

$$P_d = P_s\left(1+\frac{A}{R_d}\right) \tag{4-10}$$

水在 0℃時，$\sigma = 0.0757$ N/m, $\rho = 1000$ kg/m³, $\hat{M} = 18$ kg/kg-mol，故 $A = 1.20 \times 10^{-3}$ μm。因此，當 $R_d \geq 0.01$ μm，上面的線性式成立，此適合於雲滴的情況（雲滴半徑通常在 1～100 μm）。水滴的曲率半徑愈小，與平面純水的飽和氣壓及相對溼度差異愈大；反之，則差異愈小，如表 4-2 及圖 4-5。

表 4-2　純水滴的飽和水氣壓

R（μm）	P_d/P_s
100	1.000012
10	1.00012
1	1.0012
0.1	1.012
0.01	1.128
0.001	3.32

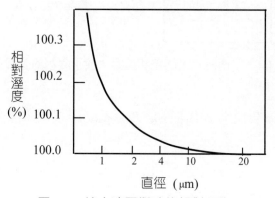

圖 4-5　純水滴平衡時的相對溼度

　　在雲層中有許多大小不等的雨滴，曲率效應使得小雨滴的水氣壓高於大雨滴的水氣壓，因此水氣容易由小水滴轉移至大雨滴上，這有助大雨滴的成長，這在降雨機制中扮演重要的一環（見第七章）。

　　同理，曲率效應使得小冰晶的水氣壓大於大冰晶的水氣壓，因此水氣容易由小冰晶轉移至大冰晶上（昇華），而有助大冰晶的成長，這在降雪機制中扮演關鍵作用（見第七章）。

2. 溶質效應

　　當水中含有溶質，液面上的水分子變少，水的蒸發速率乃較純水慢，因此溶液的飽和水氣壓低於純水的飽和水氣壓（$P_d < P_s$ 或 $\phi < 100\%$）即可達到蒸發及凝結的平衡，此與曲率效應呈相反的趨勢。

　　由熱力學可證得，溶液中水滴的飽和水氣壓 P_d 為（Iribarne and Godson, 2009）：

$$P_d = P_s \left(1 + \frac{A}{R_d} - \frac{B}{R_d^3} \right) \tag{4-11}$$

上式中，$B = 8.6\ m^2/\hat{M}_2\ cm^3$（"2"代表溶質）；水在 0°C 時，$A = 1.20 \times 10^{-3}\ \mu m$，$B = 0.147\ m^2\text{-}g/cm^3$。

　　研究顯示，大氣中吸水（hygroscopic）佳的微小鹽粒（NaCl）和氣懸膠，如銨鹽（NH_4^{2-}）、硝酸鹽（NO_3^-）、硫酸鹽（SO_4^{2-}）等，是雲滴附著的凝結核（condensation nucli），可在相對溼度 70-80% 吸收空氣中的水氣形成小水滴。若溶質的質量愈多，愈易在較低的過飽和形成水滴。此外，大的凝結核比小的凝結核更早、更快形成小水滴（Stull, 2015）。

4.4　溫度、溼度與露點

　　當溫度增加時，飽和水氣壓上升，故在水氣含量不變的情況下，相對溼度降低。反之，當溫度減少時，飽和水氣壓下降，相對溼度上升。一般而言，空氣中水氣的總含量變化不大，因此相對溼度的變化主要是受溫度的影響，二者呈負相關。如圖 4-6，晚上氣溫

低，相對溼度較高，通常最高相對溼度是在清晨溫度最低的時段。

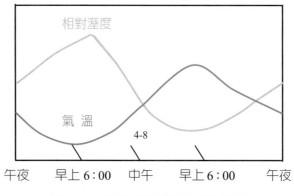

圖 4-6　相對溼度與氣溫呈負相關

　　此外，當空氣中的水氣量增加時，水氣分壓上升，若此時氣溫不變，則相對溼度增加。反之，當空氣中的水氣量減少時，水氣分壓下降，若此時氣溫不變，則相對溼度降低。

　　通常地面氣壓僅作微小的變化，因此露點是表示空氣中實際含水氣量多寡的指標。露點愈高，水氣量愈多；反之，水氣量愈少。

例題 3

證明（4-7）式。

證：

理想氣體定律（2-21）式：

$$P \cdot \mathcal{V} = m \left(\frac{R_u}{\hat{M}} \right) T$$

乾空氣是一個理想氣體，若假設水氣亦是理想氣體，則：

$$r = r(T) = \frac{m_v}{m_a} = \frac{P_v / R_v T}{P_a / R_a T} = \left(\frac{R_a}{R_v} \right) \frac{P_v}{P_a} = \frac{\hat{M}_v}{\hat{M}_a} \frac{P_v}{P_a} = 0.622 \frac{\phi P_s}{P_a} \tag{4-12}$$

其中$\hat{M}_v / \hat{M}_a = 18/28.94 = 0.622$ 是水與空氣分子量的比值。（註：大氣壓力等於乾空氣壓力加上水氣分壓）。由於水氣在 $T = T_s$ 飽和，由上式得：

$$r_s = \frac{\hat{M}_v}{\hat{M}_a}\frac{P_s}{P_a}$$

因 $P_v(T) = P_v(T_d)$，故 $r = r(T) = r(T_d)$，可得：$\dfrac{r}{r_s} = \dfrac{r(T_d)}{r_s(T_s)} = \dfrac{P_v}{P_s} = \phi$

4.5 溼度、緯度與高度

圖 4-7 為從赤道至極地緯度平均相對溼度變化，熱帶因地面熱空氣上升，多雲雨，相對溼度高，是熱帶雨林密集處（Ahrens, 2012）。極地相對溼度高，是因氣溫與露點相差極微，水氣接近飽和之故。此外，緯度 30° 附近相對溼度低，全球多數的沙漠即位在此處，這是受副熱帶高壓的影響（見第十章）。

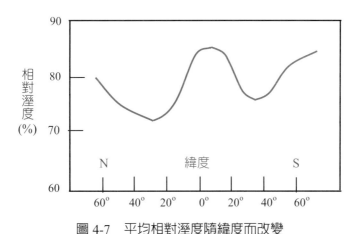

圖 4-7 平均相對溼度隨緯度而改變

圖 4-8 為比溼 q 隨緯度的變化，顯示比溼也是在悶熱的熱帶最高，之後隨高緯度遞減，而在兩極最低（Ahrens, 2012）。雖然全球多數的沙漠位在 30° 附近，但是此處的比溼約是 50°N 的兩倍。因此，沙漠的空氣含有高水氣量，並不「乾」，例如：$T = 35℃$,

$T_d = 10°C, \phi = 21\%$。但極地空氣的露點很低，含極少的水氣，因此空氣乾，例如：$T = -2°C, T_d = -2°C, \phi = 100\%$。

此外，水氣質量通常隨高度的增加而減少，因此比溼及混合比隨高度的增加而遞減（另見第 9.2.2 節）。

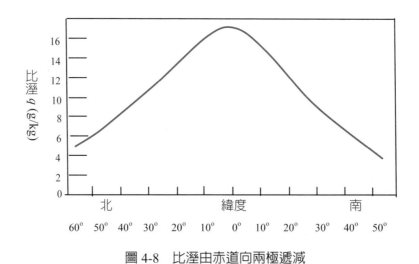

圖 4-8　比溼由赤道向兩極遞減

4.6　乾溼計

空氣的溼度可用溼球計（wet-bulb thermometer）及乾球計（dry-bulb thermometer）測得，原理是將溼球計的頭部用棉線包裹，浸在水裡使其飽和，量測溼球溫度 T_{wb}，乾球計的頭部則曝露於空氣中量測空氣（乾球）溫度 T_{db}。當空氣藉由風扇連續通過乾球計及溼球計，於穩定後即可測得 T_{db} 及 T_{wb}，如圖 4-9。

常用的乾溼計（psychrometer）是將溼球計及乾球計相鄰架設，如圖 4-10。空氣未飽和時，$T_{db} > T_{wb}$，兩者的差值稱作露點差（dew-point depression），可反應空氣的相對乾燥程度。露點差愈大，相對溼度愈低；露點差愈小，相對溼度愈高。當空氣飽和或 $\phi = 100\%$ 時，$T_{db} = T_{wb} = T_d$。一天當中大氣壓力變化微小，因此露點大致是當日的最低溫度。

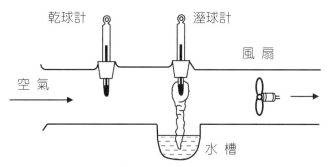

圖 4-9　於穩態氣流中量測乾球及溼球溫度

當測得乾球及溼球溫度，可求得混合比、相對溼度、露點及其他水氣參數，但演算步驟多且需要其他物性數據，因此常藉助特殊的熱力圖，稱作溼度查算圖（psychrometric chart），如圖 4-11。該圖以乾球溫度爲橫座標，混合比及水氣壓力爲縱座標，並畫上相對溼度線及溼球溫度線，而 $\phi = 100\%$ 的曲線即爲露點（Reynolds and Perkins, 1977）。

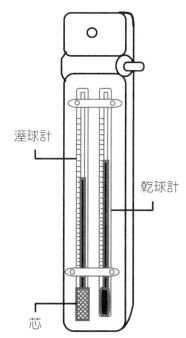

圖 4-10　乾溼計包含溼球計及乾球計

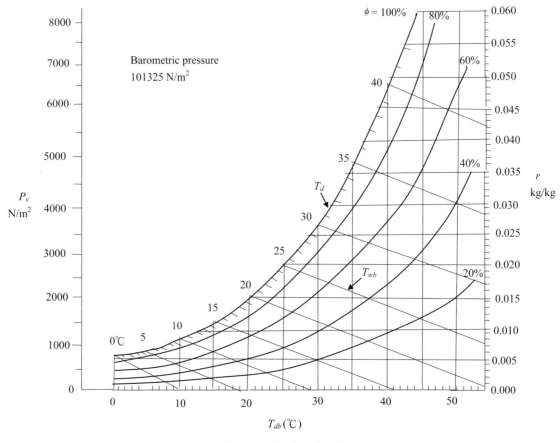

圖 4-11　溼度查算圖

例題 4

在一大氣壓，乾球及溼球溫度各為 24℃ 及 16℃，則混合比、相對溼度及露點為何？

解：

查圖 4-12，當 T_{db} = 24℃ 及 T_{wb} = 16℃時，此二條等值線的交點對應：r = 0.0075 kg/kg，ϕ ≈ 44%。

再沿著 r = 0.0075 kg/kg 橫線向左移動，可得 T_d ≈ 11℃。

4.7　改變溼度的方法

冷卻、加熱、加水均可改變空氣的溼度。除溼是先冷卻空氣至飽和後再加熱，可移除部分水分，降低溼度，如圖 4-12，在室內空調設計時，常借助溼度查算圖。

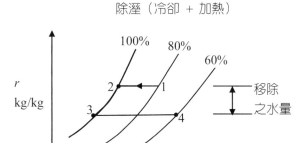

圖 4-12　先冷卻除溼再加熱改變空氣的溼度

在大氣中，當氣溫降至露點、不同溫溼度空氣混合，或添加水氣，均可使空氣飽和（$\phi = 100\%$），生成雲、霧，此時常使用絕熱圖（adiabic chart）作高空分析，另述於第六章。

圖 4-13 顯示，兩個質量相同，但溫溼度不同且未飽和的 A、B 氣塊混和時，於 C 點發生過飽和現象，而多餘的水氣則以液滴自空氣中移除，亦即 11.5 − 10.8 = 0.7 g/kg（Ahrens, 2012）。註：C 點的溫度及比溼是 A、B 兩氣塊質量的加權平均數。

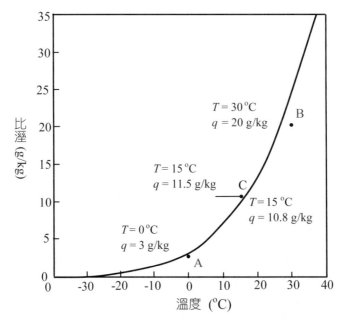

圖 4-13　不同溫度（T）及比溼（q）的 A、B 氣塊，混合後可產生過飽和（C），超過的水氣會形成液滴

思考・練習四

1. 露點可透漏哪些天氣上的訊息？
2. 在 1 atm、$T = 30℃$、$\phi = 70\%$，露點 $T_d =$ ？
3. 水滴的半徑如何影響飽和氣壓？
4. 雜質如何影響水的飽和氣壓？
5. 氣流上升而未飽和，下列何者不變：

   相對溼度、比溼、混合比、露點
6. 雲層上方空氣的混合比較雲層下方的混合比高或低？
7. 簡述相對溼度與溫度呈負相關的原因。
8. 何以極地相對溼度很高？
9. 沙漠和極地，何者較乾？
10. 何者可當作一天當中最低溫度的指標？

第 **5** 章

凝結：露、霜、霧及雲

藍天再美，終會烏雲密布。天空中的雲、霧，以及地面的露、霜，都是水氣溫度降到露點後凝結成水滴產生的現象，可說是人們日常關心的天氣狀況，這些就是本章的重點。

5.1　凝結核

水氣在露點下冷凝成水滴，然而水氣需附著在一個物體表面上才得以形成水滴。在大氣中扮演這種附著體的是細小的浮游微粒（airborne particles），稱之凝結核（見第 4.3 節），其粒徑及濃度如表 5-1 所示。

水氣凝結的型態視附著體而異，在地面或物體上是露或霜，在低空是霧，在高空是雲，而霧可視作接近地面的雲。露和霜的形成是非絕熱過程，而對流雲的形成主要是絕熱過程，非絕熱過程次之。

表 5-1　凝結核及雲滴的典型尺寸及濃度

微粒	半徑（μm）	微粒數目（per cm^3）	
		範圍	代表值
小（Aitken）	< 0.2	1,000～10,000	1,000
大	0.2～1.0	1～1000	100
巨大	> 1.0	< 1～10	1
霧及雲滴	> 10	10～1000	300

5.2　露和霜

當氣溫降到露點，水氣凝結，以液態附著在物體表面者即為露（dew），如圖 5-1。通常無雲無風的夜晚比多雲有風的夜晚易形成露水，乃因前者地面發射的紅外線至太空無雲攔截，無風又使得地面的空氣最冷，易形成露水，這種天氣通常是高氣壓籠罩的好天氣。反之，低氣壓籠罩時，多雲阻礙了地面輻射冷卻及露水生成。因此有則口諺：

　　草地上有露珠　　雨不會來

　　草地是乾的　　　等待天黑下雨

　　無雲的夜晚或清晨，常因輻射冷卻使氣溫降至露點以下，水氣因而在小草或樹葉上形成水珠，若水珠凍結則成凍露（frozen dew）。

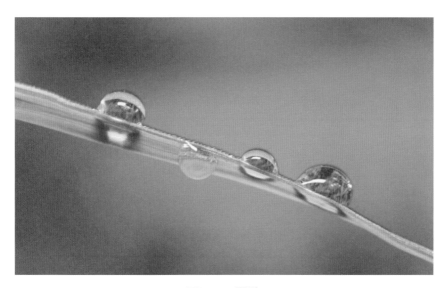

圖 5-1　露珠

　　霜（frost）的形成與露相似，但飽和發生在 0℃以下，是將水氣直接轉化（沉澱）成冰，未經過液相。霜以晶體的型式附著在物體表面，看起來亮晶晶，如圖 5-2。與露雷同，霜經常發生在清澈的夜晚或清晨。

　　氣溫一般是指距離地面 1.5 公尺的空氣溫度，當氣溫低於 0℃就會降雪，但地面溫度可能高或低於 0℃。霜凍是在地表發生的，如果水氣充足，地表溫度低於 0℃就會結霜，稱為霜凍。出現霜凍時，近地面的氣溫可以在 0℃以下，也可以在 0℃至 5℃之間，易造成農害。通常霜凍線（frosty line）就是地表 0℃等溫線，如圖 5-3。

圖 5-2　霜

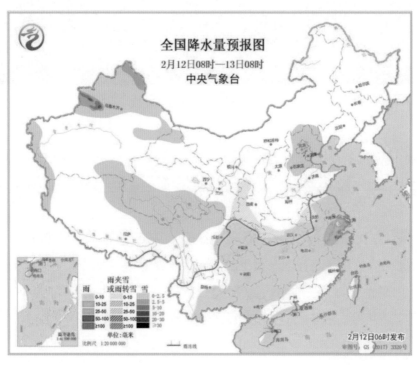

圖 5-3　霜凍線（咖啡色）（摘自：中國中央氣象臺網站）

5.3　霧和霾

　　凡是會造成水平方向能見度（visibility）低於 10 公里者，稱為視障現象（obscuration phenomenon），霧即為其中一種。國際上通用的慣例，霧是限制能見度在 1000 公尺或以下者，若能見度小於 200 公尺，則稱為濃霧。如果霧看起來沒那麼濃，其能見度大於 1 公里者，稱作霾（mist），或是輕霧。

　　霧的形成主要是因為氣塊降溫至露點之下，或是水氣增加達到飽和，使氣塊內部的水氣凝結成水滴。霧通常以下列二種方式形成：

1. 冷卻：包括輻射霧（radiation fog）、平流霧（advection fog）、上坡霧（upslope fog）。

2. 蒸發—混合：如蒸氣霧（steam fog）。

除上坡霧是絕熱過程外，其他均是非絕熱過程。

　　輻射霧通常在無雲的夜晚或清晨期間發生，因輻射冷卻而在山谷或低地出現（圖5-4）。清晨的霧氣在陽光照射下，不多時即消散。

圖 5-4　清晨山谷的輻射霧

　　上坡霧是上升氣流冷卻至露點所致，平流霧是暖溼空氣通過冷水面（如海、湖），下方受到冷卻而發生，如圖 5-5 及圖 5-6。

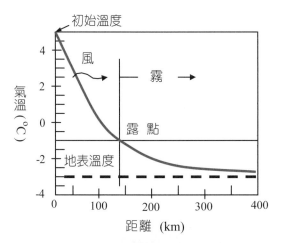

圖 5-5　平流霧：暖空氣通過冷水

圖 5-6　嘉義太平雲梯的山霧

　　霾（haze）為懸浮於大氣中微細的疏水（hydrophobic）固態顆粒，如塵埃、花粉、黴菌、金屬等物質所組成，這些顆粒對陽光的散射作用會使近地表處呈現黃色、橘色或淡藍

色。除了導致能見度不佳外，人體若是吸入此類物質，會對健康造成危害，輕則咳嗽，重則造成心血管疾病。

霧為冷凝的水滴，而霾是懸浮固態微粒，是乾霾（dry haze）。一般來說，起霧時的相對溼度高於 75%，而霾害發生時相對溼度低於 75%。若相對溼度高於 75% 時，特別是夜晚或清晨的相對濕度高，水氣可能凝結在親水核（hydrophilic nuclei）上，而產生溼霾（wet haze）。

5.4　雲及雲的分類

雲是液滴、冰晶或二者的混合物，有時高掛天空，有時貼近地面。雲可厚可薄，水氣可多可少，有多變的樣貌。西元 1803 年，英國藥劑師霍華德（Luke Howard）首次用拉丁文字將雲的樣貌分成 4 類：

1. 卷雲（cirrus-curl of hair）：纖細、羽毛狀
2. 層雲（stratus-layer）：層層相疊
3. 積雲（cumulus-heap）：垂直發展
4. 雨雲（nimbus-violent rain）：下雨的雲

到了 1887 年，艾柏克比（Abercromby）及希德柏瑞森（Hildebrandson）兩位在霍華德的基礎上，依高度及垂直發展將雲分成 4 族 10 型，如表 5-2 及圖 5-7，沿用至今：

1. 高雲（high clouds）：卷雲、卷積雲、卷層雲
2. 中雲（middle clouds）：高積雲、高層雲
3. 低雲（low clouds）：雨層雲、層積雲、層雲
4. 直展雲（clouds with vertical development）：積雲、積雨雲

表 5-2　雲的分類

4 族	10 型	高度（m）
高雲	卷雲（Ci/Cirrus） 卷層雲（Cs/Cirrostratus） 卷積雲（Cc/Cirrocumulus）	5,000～13,000

4 族	10 型	高度（m）
中雲	高層雲（As/Altostratus） 高積雲（Ac/Altocumulus）	2,000～7,000
低雲	層雲（St/Stratus） 層積雲（Sc/Stratocumulus） 雨層雲（Ns/Stratunimbus）	< 2,000
垂直發展雲	積雲（Cu/Cumulus） 積雨雲（Cb/Cumulonimbus）	300～13,000

註：雲底高度在熱帶最高，溫帶次之，寒帶最低。

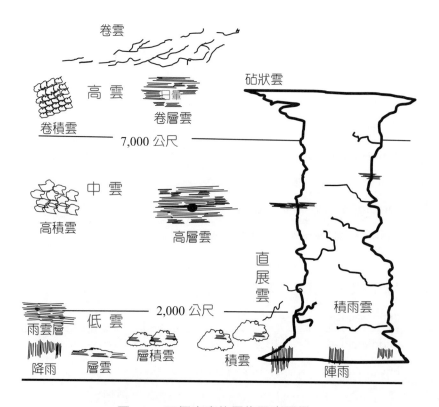

圖 5-7　三個高度的雲族及直展雲

　　這 10 型雲依形狀可歸納成層狀雲（stratiform cloud）、積狀雲（cumuliform cloud）及卷狀雲（cirriform cloud）三類，不然就是這些雲的混合或變形，如圖 5-8 至 5-12。

圖 5-8　卷雲

圖 5-9　高層雲

圖 5-10　雨層雲

圖 5-11　層積雲

圖 5-12　層雲

　　高空看雲姿，別有一番風采。圖 5-13 是荷蘭 737 飛機機長克里斯蒂安在高空拍到並請大家分享的照片之中的四張，或是滾滾雲海、邪惡黑塔，或是下衝雨幕、玉鐲彩虹，變化萬千，令人驚嘆！

圖 5-13　飛機機長在空中拍攝的雲貌（四張）

5.5　雲形成原因

　　對流舉升、輻合舉升、鋒面舉升及地形舉升是四種主要形成雲的機制（圖 5-14），概述如下。

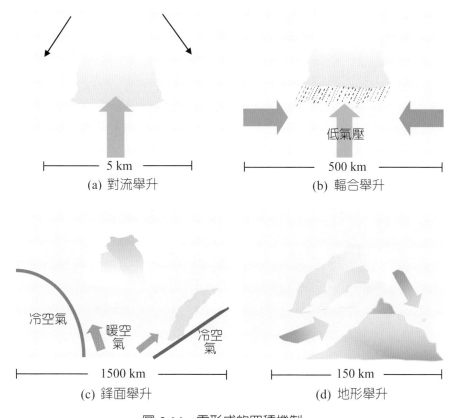

圖 5-14　雲形成的四種機制

1. 對流舉升

　　如圖 5-15，地表性質不均勻，在太陽照射下，有些地方因吸熱多，遂產生上升熱泡。當氣流不斷上升，水氣終會冷凝而形成積雲，雲底的高度稱為舉升凝結高度（lifting condensation level/LCL）。

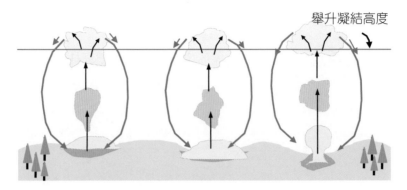

圖 5-15 上升熱泡形成積雲

2. 輻合舉升

當地面空氣向低壓處輻合上升形成雲，如圖 5-16。

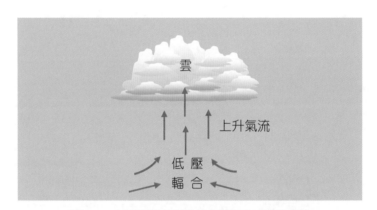

圖 5-16 地面氣流向低壓輻合上升形成雲

3. 鋒面舉升

當相對大面積的溼空氣受鋒面舉升凝結形成雲，在低空（0～2000 m）以層雲為代表，在中空（2000～6000 m）以高層雲為代表，如圖 5-17。

圖 5-17　鋒面舉升：暖空氣受冷空氣舉升形成雲

4. 地形舉升

　　風通過山頂在波峰處生成莢狀雲（lenticular cloud），但在波谷附近水氣蒸發，雲、霧消散，如圖 5-18。

圖 5-18　風通過山頂形成的莢狀雲

5.6 對流雲底高度估算

不斷上升的水氣終會飽和、冷凝成雲。水氣上升是絕熱過程,因此沿等熵線(s = 常數),如圖 5-19。

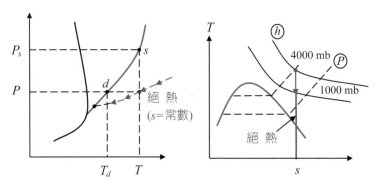

圖 5-19 上升氣流是絕熱過程,因溫降而水氣冷凝呈雲滴(紅線為飽和線)

當水氣沿乾絕熱線上升時,溫度 T 降低,露點 T_d 亦隨之降低,此時 ΔT_d 與 ΔT 的關係為何(圖 5-20)?其中,$\Delta T = \Delta T_s \geq \Delta T_d$。

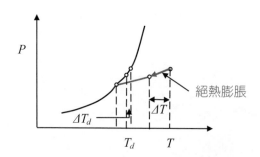

圖 5-20 氣流上升溫度變化為 ΔT,露點溫度亦隨之改變(ΔT_d)

視水氣為理想氣體,則其飽和曲線為克勞修斯 - 克拉佩龍式:

$$\left(\frac{dP}{dT}\right)_{sat} \approx \frac{L}{Tv_g} = \frac{PL}{R_v T^2} \tag{4-1}$$

故,
$$dT_d = \frac{R_v T_d^2}{L} d\ln P_s \tag{5-1}$$

利用絕熱過程及理想氣體定律可證得（Iribarne and Godson, 2009）：

$$dT_d = \frac{R_v T_d^2}{\left(k - \frac{1}{k}\right) L} \frac{dT}{T} = \frac{C_{pv} T_d^2}{\varepsilon L} \frac{dT}{T} \qquad (5\text{-}2)$$

在 $T_d \approx T \approx 273$ K，將水的物性 $C_{pv} = 4.18$ kJ/kg-K, $L = 2500$ kJ/kg 代入上式可得：

$$\Delta T_d \approx \frac{1}{6} \Delta T \qquad (5\text{-}3)$$

亦即，露點的變化大約是氣溫變化的六分之一，據此可估算對流雲的底部高度，就是舉升凝結高度，說明如下。

若溫度爲 T 的氣流自高度 Z_0 上升，到了高度 Z_s 飽和凝結即爲雲底高度，此時 $T = T_s = T_d$，則上升的高度爲：

$$\Delta Z = Z_s - Z_0 \qquad （單位：km） \qquad (5\text{-}4)$$

因是絕熱上升，垂直溫降近似 10℃/km（見第 6.1 節），故：

$$T - T_s = 10\Delta Z$$

$$-) \quad T_d - T_s = \frac{1}{6} \Delta T = \frac{1}{6}(10\Delta Z)$$

$$\overline{\qquad\qquad\qquad\qquad\qquad\qquad}$$

$$T - T_d = \frac{50}{6} \Delta Z$$

可得：
$$\Delta Z \approx 0.12\,(T - T_d) \qquad (5\text{-}5)$$

$$Z_s = Z_0 + \Delta Z$$

即雲底高度與地面氣溫及露點的差值成正比。通常溼熱或沿海地區水氣多，對流雲高度較水氣少的內陸或沙漠地區低，乃因內陸或沙漠地區氣溫與露點的差值較大之故。

對流雲係由於近地面熱泡上升，大氣極不穩定，通常垂直溫降大於 10℃/km。若設 $\Delta T = 12$℃，則由（5-3）式得：

$$\Delta T_d \approx 1/6\ \Delta T = 2℃ \qquad\qquad (5\text{-}6)$$

亦即每升高 1000 m，露點約下降 2℃。

5.7 雲底高及雲量觀測

　　雲的底部高度可用幾種方法量測，諸如雲幕汽球（ceiling balloon）、光束雲幕計（beam ceilometer）及飛機等。光束雲幕計是自地面發射紅外線或雷射脈衝，並捕捉部分反射的訊號。當測出脈衝來回的時距，即可測得雲底高度。

　　一般將天空雲層的疏密狀況依雲量（cloud cover）分成 8 個等級，如表 5-3。

表 5-3　雲量概況

描述	目視	天空狀況
晴天	0	無雲
稀雲	0-2/8	雲極少
疏雲	3/8-4/8	部分有雲
裂空（多雲）	5/8-7/8	大部分有雲
密雲／陰天	8/8	天空被雲覆蓋

5.8 衛星觀測

　　氣象人造衛星根據運行方式可以分為地球同步衛星（geostationary satellite）及繞極軌道衛星（polar-orbitting satelite）兩種，如圖 5-21。

　　地球同步衛星距離地面高度約 36,000 km，在赤道面上以相同於地球的轉速繞著地球旋轉，因此能連續觀察某一地區。

　　繞極軌道衛星運行高度大約是 850 km，繞地球一圈約 102 分鐘，因會通過南極與北極而得名。它的軌跡面與赤道面近乎垂直，因此可以作南北向掃描；同時地球由西向東轉，又可以作東西向掃描，因此經過一段時間可以觀察到地表上每一個區域，這是地球同

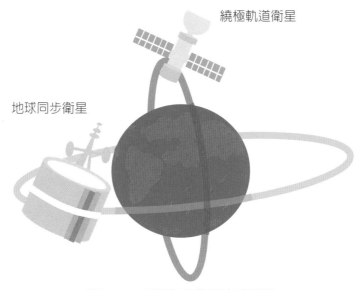

圖 5-21　二種氣象觀測人造衛星

步衛星所無法辦到的。

　　如圖 5-22，在一張彩色（紅外線）衛星雲圖，綠色代表陸地，藍色代表海洋，白色代表雲層。雲層色澤的明暗濃淡表示不同的高度，色澤白亮，則雲層高，溫度低；色澤灰暗，則雲層低，溫度高；色澤濃，則雲層厚，下雨的機率大。

　　衛星雲圖有助於了解即時天氣概況，並可供專業人員判斷天氣系統的變化，提供正確的天氣預報。

思考・練習五

1. 為何無雲的夜晚，次日清晨的草地易有露珠？
2. 對於露珠的形成，氣溫和水氣何者較重要？
3. 下列何者屬絕熱過程：
   輻射霧、平流霧、上坡霧、蒸氣霧
4. 氣泡上升且未發生冷凝現象，下列何者保持不變？
   熵、相對溼度、混合比、露點

圖 5-22　彩色紅外線衛星雲圖（摘自：中央氣象局網站）

5. 如何區別霧和霾？

6. 形成雲的機制為何？

7. 上述機制中產生的雲，何者屬非絕熱過程？

8. 雲依形狀可分哪幾種？

9. 通常內陸的對流雲較海邊的雲高，簡述原因。

10. 露點與氣溫變化有何關係？

11. 比較兩種氣象觀測人造衛星的差異。

大氣穩定度及雲的發展

　　穩定或不穩定的大氣與天氣的好壞有密切的關聯。例如，不斷上升的氣流終會冷凝成雲。雲可薄可厚，而大氣穩定狀況對雲層的發展扮演關鍵作用，大氣穩定則雲層不易變厚；反之，則雲層容易變厚。上升氣流在未飽和前是絕熱降溫，凝結後釋出潛熱，使雲內溫度高於周邊空氣的溫度，因此氣流在雲層中上升時的溫降幅度小於未飽和前的絕熱降溫。此外，熱浮力推動氣流上升，其大小取決於熱泡與環境溫度的差異。換言之，環境溫度垂直變化速率影響大氣的穩定度。以上這些都是本章探討的課題。

6.1　乾絕熱及溼絕熱直減率

6.1.1　直減率

　　氣溫 T 一般隨高度 z 增加而遞減，其變化率稱作直減率（lapse rate）Γ：

$$\Gamma = -\frac{\partial T}{\partial z} \qquad\qquad (6\text{-}1)$$

當環境是靜態平衡時，上式亦是環境直減率（environmental lapse rate）。

　　在白天，地面溫度因日照變強而上升，並加熱鄰近的空氣。近地面空氣可吸收較多的輻射熱，溫度變化較高空氣溫快，因此早上近地面氣溫梯度隨著太陽高度的移升而不斷地變陡，即環境直減率增加，如圖 6-1。

　　上升或下降的氣流儘管在低空尚未飽和，但在上升或下降的絕熱過程中，乾空氣與水氣的溫度未必是環境的溫度；且當氣流上升至凝結高度後，水氣即開始冷凝成雲滴，此後不再以乾絕熱直減率上升。因此，氣流上升時需分別檢視未飽和及飽和的情況。

6.1.2　乾絕熱直減率

　　氣塊在未飽和時上升或下降是絕熱過程，且滿足（2-20）式：

$$dh = C_p\, dT = \hbox{v}\, dP = dP/\rho$$

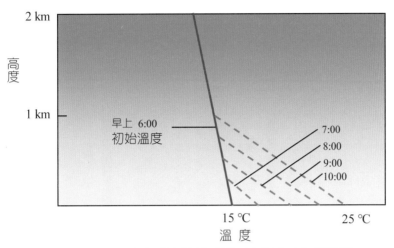

圖 6-1　環境直減率隨著時間（太陽高度）而改變

再結合靜壓式（1-1）：$dP = -\rho g dz$，可得：

$$C_p\, dT + g\, dz = 0 \tag{6-2}$$

空氣的 $C_p = 1$ kJ/kg-K，$g = 9.81$ m/s²，因此乾絕熱直減率（dry-adiabatic lapse rate），Γ_d，為：

$$\Gamma_d \equiv -\frac{dT}{dz}\bigg|_{絕熱} = \frac{g}{C_p} \approx 10\,℃/km \tag{6-3}$$

亦即不飽和的氣塊每升降 1000 公尺，氣溫下降或增加約 10℃，如圖 6-2。

　　儘管氣塊含有水氣，「乾」的意思是指沒有相變化。而位溫（potential temperature）θ 的定義即是將（6-3）式對高度積分而得（Stull, 2015）：

$$\theta(z) = T(z) + \Gamma_d \times z \tag{6-4}$$

而將上式對 z 微分可得：

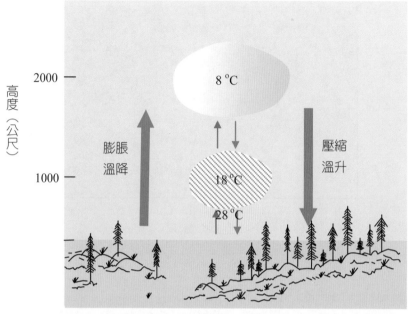

圖 6-2　未飽和的氣塊溫度以乾直減率（10°C/1000 公尺）上升或下降

$$\frac{d\theta}{dz}=\frac{dT}{dz}+\Gamma_d \tag{6-5}$$

故在乾絕熱過程下：

$$(d\theta/dz)_{絕熱}=0 \tag{6-6}$$

　　亦即，在絕熱過程，位溫不隨高度而變化，是一個守恆的量。但在非絕熱過程，位溫隨高度而改變。若將靜壓式（1-1）及理想氣體定律（2-21）代入（6-5）可得包桑式（Poisson formula）：

$$\theta=T \times \left(\frac{P_0}{P}\right)^{R_d/C_P} \tag{6-7}$$

P_0 通常取在 1000 mb 的高度，溫度的單位是絕對溫度（K）。因此，位溫是將（T, P）的氣塊以絕熱過程壓縮到 1000 mb 的溫度。圖 6-3 為（6-7）式的半對數圖，呈一條直線。

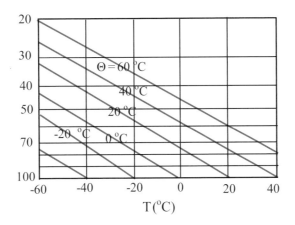

圖 6-3　絕熱圖：藍色線為乾絕熱線

6.1.3　溼絕熱直減率

　　上升的水氣終會冷卻飽和而凝結成雲滴，此後氣流就不再以乾絕熱直減率上升，這是因為釋出的潛熱會抵消部分的冷卻效應。因此，雲層內上升的飽和氣流較未飽和氣流的溫降幅度小，如圖 6-4。

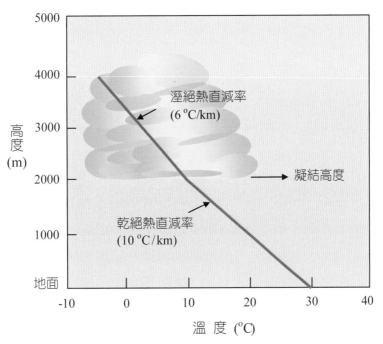

圖 6-4　乾絕熱及雲層內溼絕熱直減率

上升的飽和氣流是以溼絕熱直減率（moist adiabatic lapse rate），Γ_m，降溫：

$$\Gamma_m = -\frac{dT}{dz}\bigg|_{溼} \tag{6-8}$$

「溼」的意思是指水氣飽和凝結成液滴。將上式代入（6-5）式可得：

$$\frac{d\theta}{dz}\bigg|_{溼} = \Gamma_d - \Gamma_m \tag{6-9}$$

不同於乾絕熱直減率，溼絕熱直減率並非常數，隨溫度、時間、季節而改變，通常 $4 \leqq \Gamma_m \leqq 9℃/km$，又以 $6℃/km$ 最常使用，略小於標準大氣的直減率 $6.5℃/km$。表 6-1 顯示在很冷的溫度，通常是在高緯度或極地，Γ_m 趨近 Γ_d（Ahrens, 2012）。

表 6-1　溼絕熱直減率

氣壓 （mb）	氣溫（℃）				
	-40	-20	0	20	40
1000	9.5	8.6	6.4	4.3	3.0
800	9.4	8.3	6.0	3.9	2.8
600	9.3	7.9	5.4	3.5	2.6
400	9.1	7.3	4.6	3	2.4
200	8.6	6.0	3.4	2.5	2.0

6.2　大氣穩定度

穩定度（stability）的概念是，一個物體或系統受到外在微小擾動後的反應。如果此擾動隨時間的演進逐漸消失，物體或系統最終回到原來的狀態，則謂此物體或系統是處在穩定（stable）狀態。如果擾動隨時間而擴大，物體或系統無法回到或遠離原來的狀態，則是不穩定（unstable）狀態。而若物體或系統僅隨擾動改變原來的狀態，或與環境維持平衡，則為中性（neutral）狀態。

例如，當圖 6-5 中未飽和的氣塊被向上推移時，係沿 Γ_d-line 或 θ-line 上升，同時溫度下降。若此時氣塊的溫度高於環境的溫度（藍色線），氣塊密度較周圍的空氣輕，在熱浮力的作用下，氣塊繼續上升，無法回到原來的位置，因此為不穩定。相反的，若氣塊的溫度低於環境的氣溫（紫色線），則因氣塊密度較周圍的空氣重，氣塊下降而得以回到原來的位置，因此為穩定。而若氣塊沿 Γ_d-line 或 θ-line 移動，則氣塊的溫度及密度均與周圍的空氣相同，始終與環境處在平衡狀態，是為中性。

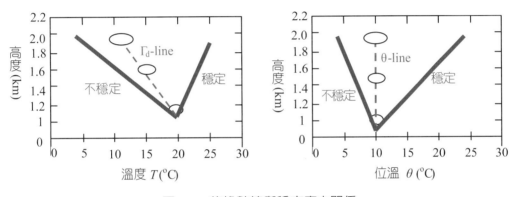

圖 6-5　乾絕熱線與穩定度之關係

當氣塊上升至凝結高度即凝結成雲，此後氣塊沿圖 6-6 中的溼絕熱 Γ_m 上升。當 $\Gamma < \Gamma_m$ 時，氣塊溫度低於環境溫度，是穩定狀態，不利雲的垂直發展。當 $\Gamma > \Gamma_m$ 時，氣塊溫度高於環境溫度，是不穩定狀態，有利雲的垂直發展，因此 $\Gamma_m < \Gamma < \Gamma_d$ 為條件不穩定（conditionally unstable）。換言之，只要環境直減率小於溼絕熱直減率，大氣是絕對穩定（absolutely stable）。反之，當環境直減率大於乾絕熱直減率，大氣是絕對不穩定（absolutely unstable）。

綜上所述，大氣穩定度的判定準則為：

絕對穩定：$\Gamma < \Gamma_m$

絕對不穩定：$\Gamma > \Gamma_d$ 　　　　　　　　　　　　　　　　　（6-10）

條件不穩定：$\Gamma_m < \Gamma < \Gamma_d$

中性：$\Gamma = \Gamma_d$（未飽和），$\Gamma = \Gamma_m$（飽和）

標準大氣的平均直減率是 $6.5°C/km$，因此是絕對穩定（無雲）。

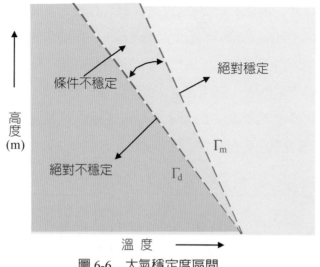

圖 6-6　大氣穩定度區間

6.3　穩定與不穩定的空氣

大氣經常承受日出、日落、亂流、鋒面等的變動及干擾，並影響往後天氣的演變，因此了解空氣的穩定性是很重要的。

1. 穩定的空氣

當環境直減率 Γ 小於 $Γ_m$，不論氣塊是未飽和或飽和，氣塊上升時總是小於環境的溫度，為絕對穩定。這種常發生在近地面冷平流、高空暖平流、空氣通過冷的表面、夜晚輻射逆溫、或是高氣壓通過的下沉逆溫（subsidence inversion），如圖 6-7，是下冷上熱的情況。

2. 不穩定的空氣

當環境直減率 Γ 大於 $Γ_d$，稱之超絕熱（super-adiabatic），不論氣塊是未飽和或飽和，氣塊上升時總是大於環境的溫度，為絕對不穩定。這種通常發生在日照強盛、近地面暖平流、高空冷平流、空氣通過暖的表面，或是低氣壓形成的上升氣流（圖 6-8），是下熱上冷的情況。

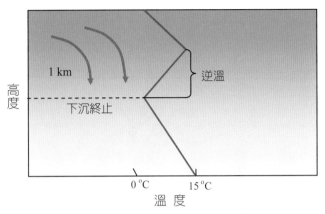

圖 6-7　氣塊下沉出現逆溫，穩定性增加

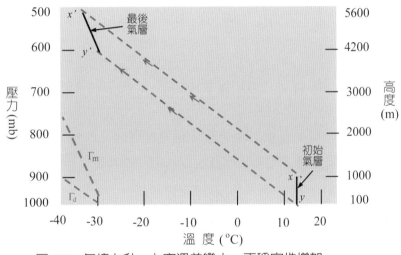

圖 6-8　氣塊上升，上空溫差變大，不穩定性增加

　　一個很穩定的空氣層，下方潮溼或飽和，上方卻乾冷，之後可能轉變成絕對不穩定的空氣層。在圖 6-9 中，低空（a-b）是一個穩定的逆溫層，底部是飽和空氣，頂部是溫度較高的未飽和空氣。當低空氣層上升時，頂部以乾絕熱率快速降溫，底部以溼絕熱率緩慢降溫，到了 750 mb 的高空，頂部溫度已遠低於底部，因此（a'-b'）變得極不穩定。這種現象稱為對流不穩定（convective instability），與風暴、雷雨及龍捲風有密切關聯（第十四章）。

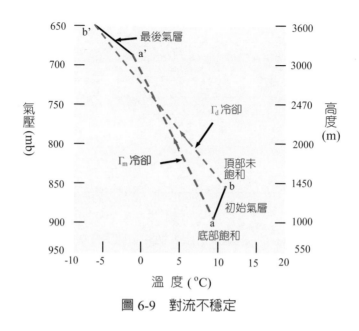

圖 6-9　對流不穩定

6.4　熱浮力判斷大氣穩定度

經常天空有雲，環境溫度出現轉折，穩定度亦隨之改變，此時不能只看局部穩定度，而要看熱浮力是否與氣塊初始運動的方向相同作判斷，相同則不穩定，相反則為穩定，而熱浮力是依據同高度時氣塊與環境的溫差而定。

以圖 6-10 的環境溫度為例（左二圖），氣塊未飽和時沿乾絕熱線上升，若最右邊是穩定度的穩定判斷結果，則是不正確的，因為當氣塊在 A 點被抬升時，A-B 段不穩定，B-C 及 C-D 段雖然分別為中性與穩定，但氣塊在 A-D 段的溫度都高於環境的溫度，熱浮力都是向上，因此 A-D 段是不穩定的。之後，因環境直減率小於乾絕熱直減率，熱浮力向下，與氣塊初始運動的方向相反，氣塊無法繼續上升，而為穩定狀態。因此 D 點是熱浮力可推升的最高高度，稱作自由對流高度（level of free convection）（Stull, 2012）。

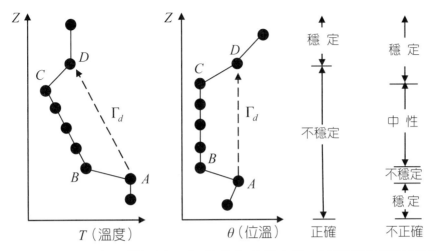

圖 6-10　以熱浮力判斷環境溫度（黑圈）的穩定度，正確及不正確的判定

6.5　動態穩定度

前述以空氣被抬升的反應來評估是靜態穩定度（static stability）。現在廣被使用的動態穩定度（dynamic stability）是帕吉（Pasquill-Gifford）穩定度，考慮日照量（白天）、風速及雲量（夜晚）三因素，將大氣穩定度分成六類，如表 6-2（Heinsohn and Kabel, 1999），說明如下：

白天：有太陽照射，地表氣溫較低層空氣高，大氣較不穩定（A-D 等級）。風速快時，亂流混合效果好，使得垂直溫差小，大氣較穩定；反之，混合效果不好，垂直溫差大，大氣較不穩定。

晚上：無太陽照射，地表因長波輻射，氣溫較低層空氣低，出現逆溫，大氣較穩定（D-F 等級）。風速慢時，混合不好，逆溫得以維持；反之，混合好，垂直溫差變小，大氣較不穩定。

表 6-2　帕吉（Pasquill-Gifford）穩定度分類

10 m 高風速 (m/s)	白天（日照量）			夜晚（雲量）	
	強	中	弱	≧ 4/8	≦ 3/8
< 2	A	A-B	B	E	F
2～3	A-B	B	C	E	F
3～5	B	B-C	C	D	E
5～6	C	C-D	D	D	D
> 6	C	D	D	D	D
日照量	W/m²				
強	> 700				
中	350～700				
弱	< 350				

A：極不穩定，B：中度不穩定，C：輕度不穩定，
D：中性，E：輕度穩定，F：中度穩定。

6.6　雲的發展

雲依垂直及水平運動，分成對流雲及平流雲二類，分述於下。

6.6.1　對流雲

雲底上方空氣的穩定度對積雲垂直發展扮演重要的角色，若雲底上方是穩定的空氣，僅形成淡積雲（cumulus humilis），通常表示好天氣（圖 6-11a）。若上方是條件不穩定的淺層空氣（圖 6-11b），可形成濃積雲（cumulus congestus），伴隨向上翻騰的菜花。若是條件不穩定空氣層很厚，濃積雲可發展成積雨雲（圖 6-11c）。積雨雲最特殊的特徵是頂部為砧狀雲，這是高空強風所造成，雲頂可高達到或突出對流層頂。

同樣的，受地形抬升形成之雲，在穩定的空氣不易垂直發展，遂成扁平狀（圖 6-12 左），而在不穩定的空氣易發展成積雲或積雨雲（圖 6-12 右）。

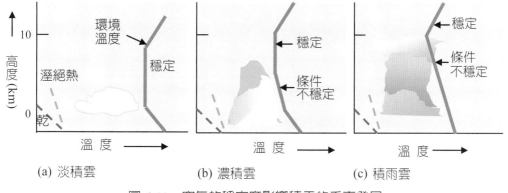

(a) 淡積雲　　　　(b) 濃積雲　　　　(c) 積雨雲

圖 6-11　空氣的穩定度影響積雲的垂直發展

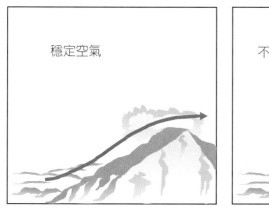

圖 6-12　地形抬升：穩定（左）及不穩定（右）空氣形成之雲

　　這種在不穩定空氣由地面以熱浮力向上發展的雲，屬動力主動，通稱積狀雲（cumuliform clouds），狀似棉花、菜花、蘑菇狀、砧狀，包括層積雲、淡積雲、濃積雲、積雨雲等，而沿著冷鋒面或在其後方的雲亦屬此類。

6.6.2　平流雲

　　平流雲不是與地面熱浮力結合的對流雲，而是由幾百到幾千公里外的溼空氣隨風平流而至，並沿著緩慢傾斜的暖鋒面舉升形成的。這類雲通稱層狀雲（stratiform cloud），包括捲雲、卷層雲、卷積雲、高層雲、高積雲、層雲及雨層雲等，如圖 6-13。這類雲因熱浮力阻礙垂直發展，屬動力被動，有時像紙張或毛毯般覆蓋大片區域。

圖 6-13　海邊上空的卷雲

6.7　絕熱圖及高空分析

為便於高空分析大氣特性，如穩定度、對流雲底部，經常將探空數據如 T、P、q 繪在特殊的熱力學圖上，稱之高空氣象圖（aerological chart），最常用的是絕熱圖，如圖 6-14。

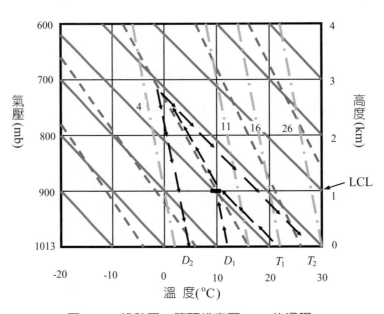

圖 6-14　絕熱圖，箭頭代表圖 6-15 的過程

絕熱圖以（T, P）爲座標軸，並畫上：

　　Γ_d：乾絕熱線（實紅色 [℃]），Γ_m：溼絕熱線（虛藍色 [℃]），r：等溼線（虛綠色 [g/kg]）。

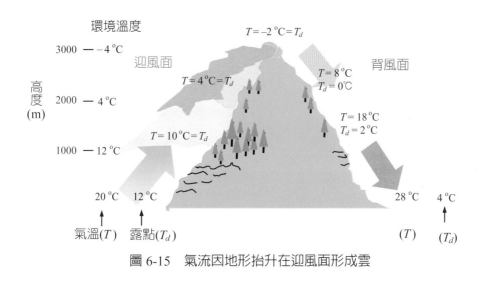

圖 6-15　氣流因地形抬升在迎風面形成雲

　　茲以圖 6-14 分析圖 6-15 中氣流在迎風面及背風面的情況，並說明絕熱圖的使用（Ahrens, 2012）。氣流在迎風面（windward side）的山腳（$T = 20℃, T_d = 12℃$）沿 Γ_d 線上升（$\Gamma_d = 10℃/km$），同時水氣沿 r 線上升，在 1000 公尺（或 900 mb）處，即 LCL，兩者相交凝結成雲。之後，水氣及露點一起沿 Γ_m 線上升及冷卻（$\Gamma_m = 6℃ /km$），至 3000 m 山頂時，氣溫及露點均爲 -2℃。若雲停留在迎風面，之後氣流由 3000 m 在背風面（lee side）沿 Γ_d 線下降，至地面氣溫爲 28℃；露點則沿 r 線下降，至地面溫度爲 4℃，水氣含量亦減少（$D_1 \rightarrow D_2$）。

　　再者，在迎風面的山腳處，$T = 20℃$ 及 $T_d = 12℃$ 的混合比分別爲 $r = 15$ g/kg 及 9 g/kg，相對溼度 $\phi = 9/15 = 60\%$。到了背風面的山腳，$T = 28℃$ 及 $T_d = 4℃$ 的混合比分別爲 $r = 25$ g/kg 及 5 g/kg，相對溼度 $\phi = 5/25 = 20\%$。這種沿山坡下降的氣流，溫度變高、變乾，類似焚風（foehn）現象（見第十一章）。

　　氣流遇到山坡時，在迎風面因地形抬升、冷卻，易生雲、雨。這種因地形舉升（orographic uplift）產生的雲稱爲地形雲（orographic cloud），生成的雨稱作地形雨

（orographic rain）。反之，氣流在背風面因下降、乾暖而少雲霧，因此有雨蔭效應（rain-shadow effect）。

思考・練習六

1. 若某地之直減率為 8℃/km，則該地之大氣為穩定或不穩定？

2. 簡述影響溼絕熱直減率的因素。

3. 何種情況屬條件不穩定？

4. 穩定的空氣通常是如何發生的？

5. 不穩定的空氣通常是如何發生的？

6. 風速如何影響動態穩定度？簡述之。

7. 在絕熱圖上，如何決定對流雲的底部？

8. 迎風面與背風面，何者的雲、雨較多？

第 7 章　降水：雨及雪

雨雖然是最常見的降水形式，但多雲的天氣並不意味會下雨，經常雲在天空漂浮多日，卻無滴雨。而另方面，夏季午後悶熱潮溼，沒多久烏雲密布，幾聲雷鳴後頃刻下著滂沱大雨，過約半小時至一小時，雨勢停歇，天空再度清朗。顯然，雲雖是水氣凝結而成，但是只靠凝結作用尚不足以構成降水的條件。僅當雨滴或冰晶成長到足夠大、足夠重，上升氣流或空氣無法承載時，乃降雨或下雪。本章即檢視這些降水機制及其影響因子。

7.1　降雨及降雪過程

雲滴的直徑很小，約 0.02 mm。雨滴的正式定義為直徑大於 0.5 mm 之水滴，普通雨滴的直徑約 1～2 mm，大的雨滴有 3～5 mm，毛毛雨（drizzle）是直徑小於 0.5 mm 之小水滴。表 7-1 為不同直徑雲滴及水滴下降時的終端速度（terminal velocity），顯示直徑愈大，下降速度愈快；大雨滴的下降速度為 1～9 m/s，約是雲滴的 600 倍。

表 7-1　雲滴及雨滴的終端速度

直徑（μm）	終端速度（m/s）	微粒類型
0.2	0.0000001	凝結核
20	0.01	典型雲滴
100	0.27	大雲滴
200	0.70	大雲滴
1000	4.0	小雨滴
2000	6.5	典型雨滴
5000	9.0	大雨滴

直徑 0.02 mm 的雲滴若藉冷凝機制變成 1 mm 的雨滴，需要 2～3 天的時間，過程非常地緩慢。而實際上對流雲開始發展後，可以在不到半小時降雨，因此應有其他的機制使雲滴成長、變重，以致降雨。

儘管雨、雪形成的過程至今仍未完全明瞭，但有兩種廣被接受的說法：(1) 碰撞合併過程（collision and coalescence process），(2) 冰晶過程（ice crystal process），分敘於下

（Ahrens, 2012）。

7.1.1　碰撞合併過程

在熱帶或副熱帶地區，雲的溫度較高，若雲層內溫度均在冰點以上，稱作暖雲（warm clouds）。如圖 7-1，100 μm 的小水滴在上升氣流中經碰撞、合併形成較大的水滴，直到成為 1000 μm 的大水滴而氣流無法托住時，大雨滴開始下降，再與其他水滴反覆碰撞合併形成更大的雨滴。因大雨滴的下降速度較小雨滴快，當到達雲底時直徑通常在 5000 μm（5 mm），這種直徑的雨滴一般發生在對流積雲下陣雨的初期。落到地面的雨滴很少大過 5 mm，這是因為碰撞會產生許多小雨滴，即使大雨滴相互碰撞，也會因振盪效應而碎裂成更多比原來直徑小的雨滴。

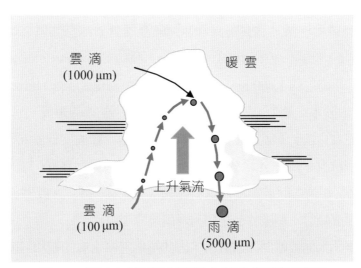

圖 7-1　雲滴在積雨雲經碰撞合併形成雨滴而降雨

暖雲降的雨也稱做暖雨（warm rain）。熱帶或副熱帶地區的夏季午後，常因日照強盛，大氣不穩定，產生旺盛的對流雲（convective cloud），可在半小時到一小時間由積雲發展成濃積雲和積雨雲，產生雷陣雨、暴雨，有時甚至降下冰雹（hail），這種雨即為對流雨（convective rain）。在不穩定的空氣中，氣流上升速度在 1～10 m/s，甚至可到 20～30 m/s。

暖層雲一般厚度小於 500 m，氣流的上升速度也較慢（如 0.1 m/s），因此大雲滴在雲

內的停留時間很短，碰撞合併的雲滴直徑約在 200 μm，若雲底下的空氣很溼，可能只是下毛毛雨，若是層雲很高，可能雲滴還未到達地面就蒸發了。雲層愈厚，愈容易產生大雨滴及降雨。

大雨滴的下降速度雖然較小雨滴快，但是上升速度較小雨滴慢，這可增加大雨滴在上升過程的時間及合併成長的機率。此外，因曲率效應（見第 4.3 節），小雨滴的飽和氣壓高於大雨滴的飽和氣壓，因此水氣容易由小雨滴轉移至大雨滴上，這個過程亦有助大雨滴的成長。此外，雨滴所帶的正負電荷也會影響到雨滴間的碰撞合併過程。

綜上所述，暖雲降雨最重要的因素是要有充足的含水量，其次是雲層中有不同大小的雨滴分布狀況、足夠的雲層厚度、強勁的上升氣流，以及雲滴正負電荷的狀況。

7.1.2 冰晶過程

在中緯度及高緯度地區，當雲垂直延伸到氣溫遠低於冰點的區域時，是冷雲（cold clouds）。如圖 7-2，低雲一般在 1000～3000 m，為水雲（water clouds）。中雲一般在 3000～6000 m（結冰高度約 3,600 m），混合著水及冰，為混合雲（mixed clouds）。高雲在 7600 m 以上，由於水氣量少，因此高雲很薄，由微小的冰晶組成。

低雲的氣溫在 0℃ 以上，因此僅含水滴。意外的是，在溫度低於 0℃ 的混合雲中，冰晶數目遠低於水滴數目，幾乎全是過冷水滴。這是因為冰雖然在 0℃ 以上溶化，但水滴因曲率效應並不在 0℃ 結冰，除非溫度遠低於冰點（見第 4.3 節）。既然這些水滴及冰晶既小又輕，無法降雨或降雪，那麼冰晶是如何降雨及降雪？

由於水分子離開水面較離開冰面容易，因此這些過冷水滴的飽和氣壓高於冰晶的飽和氣壓，兩者的壓差驅使水滴的水氣蒸發到冰晶上（昇華）。在失去平衡狀態下，水氣的減少復趨動水滴蒸發水氣補充之，再附著於冰晶上。這樣的過程就提供源源不斷的水氣使冰晶快速增長、變大、變重，終至降雨或降雪。因此在冰晶過程中，冰晶是消耗周圍的水滴而增長。以上就是冰晶過程，又稱白吉龍過程（Bergeron process），如圖 7-3。

在有些雲裡，冰晶會相互碰撞及凍結過冷的水滴而黏著，此過程稱為撞併（accretion），或是碰撞後裂成碎片產生更多的冰晶。當這些冰晶下降時，彼此再碰撞、黏結，稱為聚合（aggregation）過程，並形成積聚的冰晶，稱為雪花（snowflake），如圖 7-4。

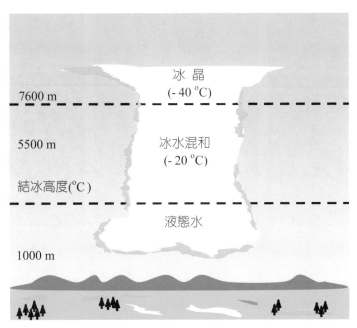

圖 7-2　積雨雲在不同高度的水相

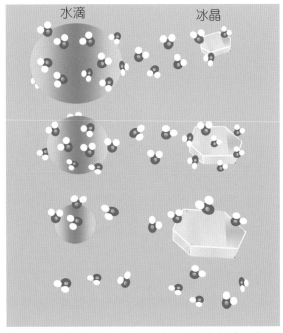

圖 7-3　冰晶過程：冰晶消耗周圍的水滴而增長

圖 7-4　（左）冰晶撞併，（中）冰晶碎裂，（右）聚合成雪花

　　冰晶極微小，經由水氣不斷的蒸發、凝結，而成長到 10～100 μm 至幾公釐的雪花結晶。雪花飄下時，降到地面融化成水的就是雨，沒有融化的就是雪，呈大塊狀的是霰（snow pellet）、冰雹或霰／冰珠（sleet），圖 7-5 說明垂直溫度剖面與降落物體類型的關係。

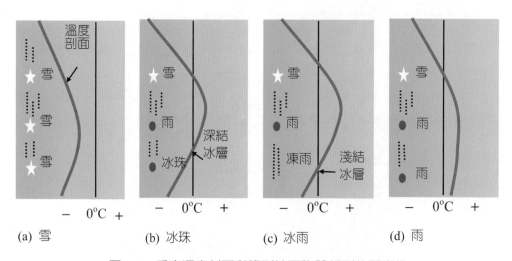

圖 7-5　垂直溫度剖面與降到地面物體類型的關聯性

　　雪花外觀多樣，主要呈針狀、柱狀、板狀和枝狀（圖 7-6），另外還有板柱狀、組合針、六角狀、羊齒狀等。

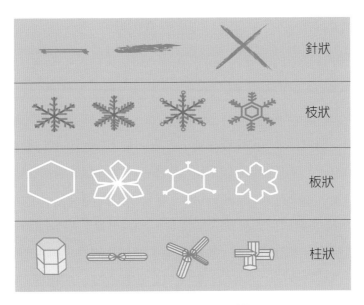

圖 7-6 常見的雪花形狀

7.2 人造雨

當雲層不厚、夾帶的水氣不足時，並不會降雨或雨量稀少，這樣經過一段長時間就有乾旱及民生缺水的問題。根據對雲中冰晶成長過程的了解，可使用人為方法來造雨，即所謂的人造雨（artificial rain）。

為了紓解旱象，在 1940 年代就有人嘗試誘發雲降雨，特別是在水庫附近，方法是在雲中注入一或二種物質，稱為種雲（cloud seeding），目的是要轉化一些過冷的水滴成為冰晶，增加冰晶的數量，再藉助冰晶過程降雨。

乾冰（dry ice）是溫度 -78℃的固態二氧化碳，為早期使用的種雲之一，可快速冷卻水氣成冰晶。另一物質是碘化銀（AgI）粉粒，因為碘化銀在 -4℃以下的低溫是有效的冰核，可將過冷水滴轉化成冰晶。這二種物質都可用飛機攜帶撒入雲層中。

7.3　降水量測

7.3.1　雨量計

標準雨量計（standard rain gauge）是高 50 cm、直徑 20 cm 的圓柱桶，如圖 7-7。漏斗狀收集器連接到一個直徑 2 cm 的量測管，其截面積僅為漏斗開口面積的十分之一，因此降雨量為刻度的 10 倍，同時可減少雨水的蒸發，可以準確量測到 0.025 cm 的雨量。

傾斗雨量計（tipping bucket rain gauge）有一個收集漏斗，連接到二個小吊桶（圖 7-8）。當第一個吊桶收集到預先設定的雨量時，水的重量使吊桶傾斜並清空水，此時第二個吊桶立刻移到漏斗下方繼續接水，直至接滿、傾斜及清空，再由前一個盛接，如此反覆進行。此由電子感測器控制，每次傾斜時皆自動記錄數據，加總後即可得到某段時間內的總降雨量。

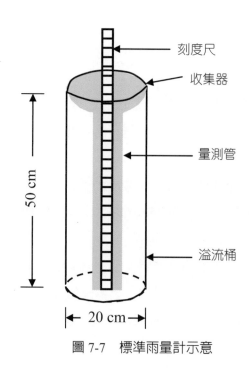

圖 7-7　標準雨量計示意

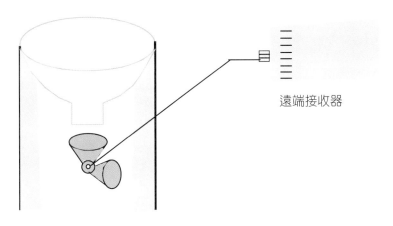

遠端接收器

圖 7-8　傾斗雨量計示意

7.3.2　降雪量測

　　當降雪時，雪花會遮住雨量計收集管的入口，而無法提供可靠的量測。因此欲估算降雪量，一般是量測地面的積雪深度，再用雪的水當量（water equivalent）換算。通常 10 公分的雪相當於 1 公分的降雨，即雪的水當量為 10：1。然而，視天候及地區的特性，水當量可能變化頗大。

7.3.3　雷達回波

　　雷達發射之電磁波經由大氣中的降水粒子，如雨、雪、冰雹等反射回來的訊號稱為雷達回波（radar reflectivity）。根據雷達接收到的訊號強度，再利用不同顏色顯示，即可製成雷達回波圖。

　　回波的強度與降水粒子的大小、形狀、狀態以及單位體積內粒子的數量有關。一般而言，反射回來的訊號愈強，降水強度就愈強，因此可藉由雷達回波圖研判降水的強度及分布狀況，如圖 7-9。

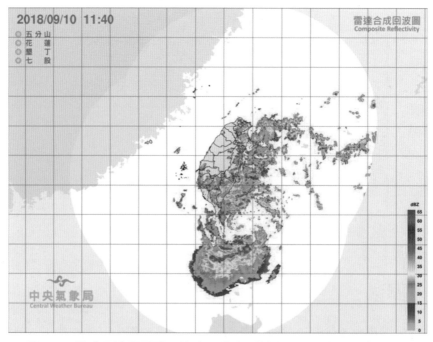

圖 7-9　雷達回波顯示降雨強度及分布（摘自：中央氣象局網站）

思考・練習七

1. 為何高雲都很薄？

2. 簡述在熱帶或副熱帶地區降雨的機制。

3. 為何雲層中不同大小的雨滴分布狀況會影響降雨？

4. 簡述暖雲降雨的必要條件。

5. 簡述在中、高緯度地區降雨和降雪的機制。

6. 為何小水滴在 0℃ 不結冰？

7. 降落物體的類型與何種天氣條件有關？

8. 人造雨是利用何種沉降機制？

9. 簡述雷達回波的原理。

第 **8** 章

大氣運動：
氣壓、力及風

在氣象領域，空氣的水平運動謂之「風」，垂直運動謂之「對流」，這是因為主控這二種運動的力不同，而且這二種運動也會產生不同的作用、天氣變化及災害。例如，風可向遠方傳送熱量、交換水氣，暴風卻可吹倒樹木、房屋，使遍地滿目瘡痍。而對流可產生烏雲、下雨，滋潤大地，但暴雨可產生水患、土石流，造成生命財產的損失。此外，高空風和近地面風所受的力亦不盡相同，要如何表示風場並進行分析，以了解其演變及對天氣的影響，至為重要。以上這些課題就是本章的重點。

8.1　地面及高空氣壓圖

通常一天之中地面氣壓隨溫度的升降而有兩次明顯地起伏。在赤道處，最大氣壓約在上午 10 時及晚間 10 時，最小值在清晨 4 時及下午 4 時，最大振幅約 2.5 mb。這種一日當中壓力來回振盪的現象稱作熱力潮（thermal tides），或大氣潮（atmospheric tides，圖 8-1 上）；但在中緯度地區，壓力之變化主要受大範圍高、低氣壓的影響，熱力潮現象較不明顯（圖 8-1 下）。

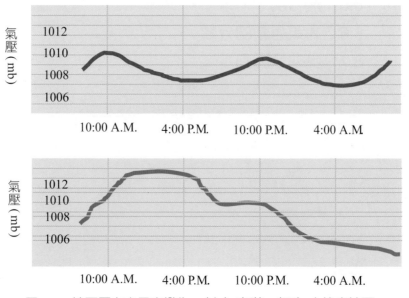

圖 8-1　地面壓力之日夜變化：（上）赤道；（下）中緯度地區

　　氣壓的空間分布稱爲氣壓場，可以用「等高面上的等壓線」或「等壓面上的等高線」來表示，分述如下。

8.1.1　等高面圖

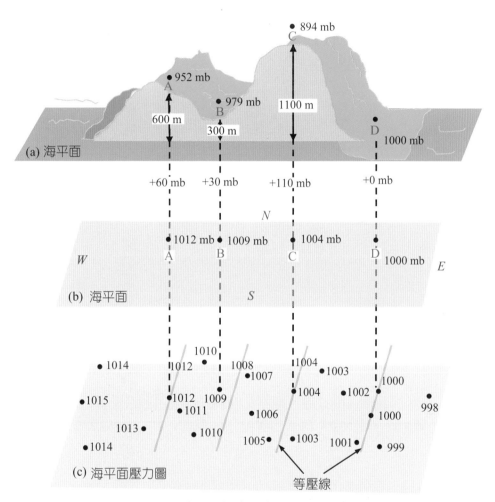

圖 8-2　測站氣壓經高度修正至地面的氣壓

　　若高度爲 z（m）之測站壓力（gage pressure）爲 P，如圖 8-2a，由靜壓式（1-1）知，$\Delta P/\Delta z = \rho g \approx 10$ mb/100 m，即相當於海平面之壓力：

$$P_0 = P + \frac{z}{100} \times 10 \qquad\qquad (8\text{-}1)$$

　　將 P_0 繪於水平面上（圖 8-2b），再將水平面上氣壓相同的各點連線即構成等高面上的等壓線圖（圖 8-2c），用以顯示該高度平面上氣壓的分布狀況。從圖 8-1c 中可看出氣壓是左側大於右側，這在原始的數據是難以判別的。一般以每間隔 4 mb 畫一條等壓線。

　　在等高面（如海平面）上的等壓線通常是曲線，最常見的是綜觀地面天氣圖（synoptic surface weather chart），如圖 8-3。

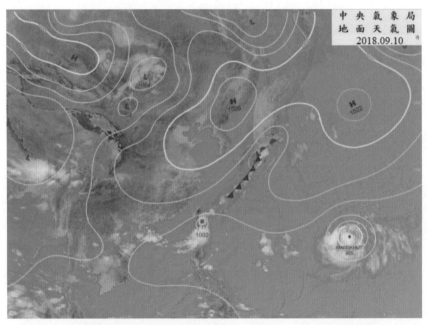

圖 8-3　綜觀地面天氣圖上的等壓線（摘自：中央氣象局網站）

8.1.2　等壓面圖

　　所謂等壓面就是空間氣壓相等的各點所組成的面，如圖 8-4 為 500 mb 等壓面（平均高度 5600 m）。因為氣壓是隨高度而遞減，因此所有高於此等壓面的壓力都小於 500 mb，低於此等壓面都大於 500 mb。

　　圖 8-5 顯示，某一高度的水平面與 500 mb 等壓面相交的線即為該高度的等高線（高

度相等各點的連線），再將等高線投影到平面上即構成等壓面上的等高線圖，用以顯示該等壓面上高度的分布狀況。如同等壓面圖，等高面圖（contour chart）上的等高線通常是曲線，用以顯示等壓面上高度的變化，一般每間隔 60 m 作一等高線。

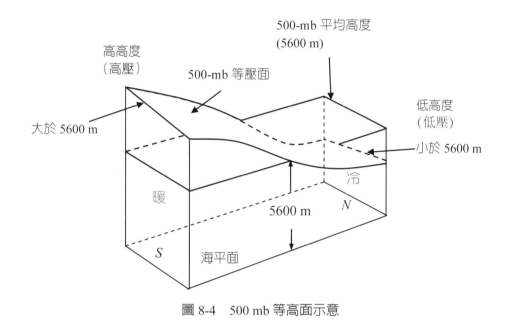

圖 8-4　500 mb 等高面示意

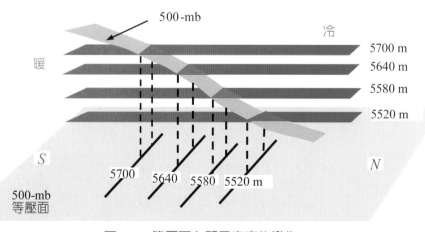

圖 8-5　等壓面上顯示高度的變化

8.1.3 勢位高度

高空天氣圖中的高度不是幾何高度 z，而是勢位高度（geopotential height）Z，其定義為：

$$Z \equiv \frac{g}{g_0} z \qquad (8\text{-}2)$$

上式中，g 及 g_0 分別是在海拔 z 及海平面之重力加速度。將上式結合（1-1）靜壓式及（2-21）理想氣體定律得：

$$g_0 \, dZ = -\frac{dP}{\rho} = -\frac{RT}{P} dP = -RT \, d\ln P \qquad (8\text{-}3)$$

左邊二項就是勢位高度差與壓力差的換算式。積分上式得：

$$g_0 (Z_2 - Z_1) = -R \int_{P_1}^{P_2} T d\ln P = R \int_{P_2}^{P_1} T d\ln P \qquad (8\text{-}4)$$

因此二個壓力面的高度差，即層厚（layer thickness）Z_T，為：

$$Z_T = Z_2 - Z_1 = -\frac{R}{g_0} \int_{P_1}^{P_2} T d\ln P = \frac{R}{g_0} \int_{P_2}^{P_1} T d\ln P \qquad (8\text{-}5)$$

上式是壓高式（hypsometric formula）。由二壓力面間層平均溫度 $\overline{T}$ 之定義可得：

$$\overline{T} \equiv \frac{\int_{P_1}^{P_2} T d\ln P}{\int_{P_1}^{P_2} d\ln P} = \frac{\int_{P_2}^{P_1} T d\ln P}{\ln(P_1/P_2)} \qquad (8\text{-}6)$$

層平均尺度高 H 之定義為：

$$H \equiv \frac{R\overline{T}}{g_0} \qquad (8\text{-}7)$$

由式（8-5）及（8-7），壓高式可寫成：

$$Z_T = \frac{R\bar{T}}{g_0}\ln\left(\frac{P_1}{P_2}\right) = H \cdot \ln\left(\frac{P_1}{P_2}\right) \qquad (8\text{-}8)$$

若 $P_1 = P_0$ 是在海平面（$Z = 0$）的氣壓，則：

$$Z_T = Z = -H\ln\left(\frac{P}{P_0}\right) \qquad (8\text{-}9)$$

亦即，層厚度及壓力面高度皆與層平均溫度呈正比，溫度愈高，則層愈厚；反之，溫度愈低，則層愈薄。因此，地面較暖處的氣壓高於周圍同高度的氣壓，為高高度（high height），即是高壓區；地面較冷處的氣壓低於周圍同高度的氣壓，為低高度（low height），即是低壓區，如圖 8-4。高壓區上凸形成脊線（ridge），低壓區下凹形成槽線（trough），如圖 8-6，且等壓面的高度由低緯度（暖）向高緯度（冷）遞減，如圖 8-7；因此赤道的對流層頂最高，極地的對流層頂最低。

而由（8-9）式可得：

$$P(Z) = P_0\, e^{-Z/H} \qquad (8\text{-}10)$$

即大氣壓力隨勢位高度呈指數下降，當降為海面氣壓的 e^{-1}（$= 0.3678$）所對應的高度稱為尺度高，故氣壓的尺度高為 $H_p \approx 7.29$ km。同理，空氣密度亦隨高度呈指數下降，其尺度高為 $H_\rho \approx 8.55$ km（另見（1-2）及（1-3）式）。補充說明如下：

1. 勢位高度的單位是 gpm，且 1 gpm = 1 m。

2. 勢位高度考慮到重力加速度隨高度的變化，但在大多情況與幾何高度幾乎相同。例如，當 $z = 5$ m，$Z = 4.996$ km（相差 0.08%）；當 $z = 10$ km，$Z = 9.984$ km（相差 0.2%）；當 $z = 100$ km，$Z = 98.451$ km（相差 1.55%）。亦即，二者誤差隨高度的增加而增加，而一般情況可忽略其差異。

3. 表 8-1 列出常用的等壓面之勢位高度（Iribarne and Godson, 2009），附錄 1 為幾何高度的標準大氣。

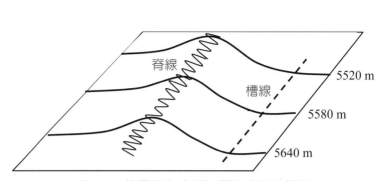

圖 8-6　等壓面上高低氣壓的脊線及槽線

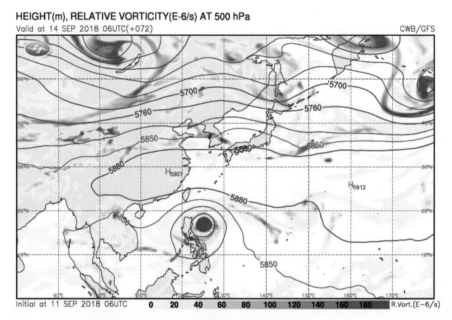

圖 8-7　500 百帕的等高度線（藍色）由低緯度向高緯度遞減（摘自：中央氣象局網站）

表 8-1　標準大氣的勢位高度

P（mb）	Z（m）	T（℃）
1013.25（＝1 atm）	0	15
1000	110	14.3
900	990	8.6
800	1950	2.3
700	3010	-4.6
600	4200	-12.3
500	5570	-21.2
400	7180	-31.7
300	9160	-44.5
226.3	11000	-56.5

8.2 力與運動方程式

8.2.1 力

推動空氣運動的力包括氣壓梯度力、重力、科氏力及摩擦力，分述如下。

1. 氣壓梯度力

當氣壓在空間分布不均勻時，則空間之間（如甲、乙兩地）即有氣壓梯度力（pressure gradient force）存在，並推動空氣運動，就產生「風」。

若兩等壓面之壓差為 ΔP，垂直間距為 Δn，空氣的密度為 ρ，則氣壓梯度力 PG 為：

$$PG = -\frac{1}{\rho}\frac{\Delta P}{\Delta n} \qquad (8\text{-}11)$$

等壓線愈密，氣壓梯度力愈大；反之，則愈小。

2. 重力

由於重力是在垂直方向，因此不會影響風的水平運動。而在靜壓平衡狀態，重力被垂直氣壓差所平衡，不會產生垂直加速度。因此在靜壓平衡下，上升或下降的氣流繼續以等速上升或下降。若稍微偏移靜壓平衡，則會產生些微的垂直速度變化。

3. 科氏力—地轉偏向力

如圖 8-8 所示，一人（紫色）欲將小球擲向置於轉盤對面的目標（紅色），當小球在轉盤上前進時，對靜止的觀察者而言，目標物因與轉盤一齊逆時針旋轉已不在原有的位置（▼），而小球並未與轉盤同步旋轉，因此小球像是被一個側拉力朝偏右的方向滾進，這種側拉力就是科氏力（Coriolis force）；如轉盤為地球，又稱地轉偏向力。

若 $\vec{\Omega}$ 為地球自轉的角速率（朝北為正，朝南為負），當氣塊以速度 $\vec{V}$（m/s）在大氣中運動時，所受的科氏力 $\vec{F_C}$ 可證得（Holton, 2012）：

即，

$$\vec{F_C} = -2\,\vec{\Omega} \times \vec{V}$$
$$F_c = |\vec{F_C}| = 2\Omega V \sin\phi = fV \qquad (8\text{-}12)$$

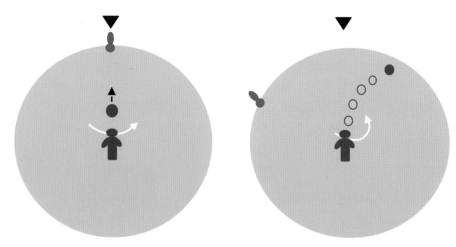

圖 8-8　物體在一逆時針旋轉的轉盤前進時向右偏移

上式中，$f = 2\Omega\sin\phi$ 稱作科氏參數（Coriolis parameter），地球自轉的角速率 Ω = 7.292×10^{-5}/s，ϕ 為氣塊的緯度（在赤道無科氏力，因 $\sin\phi = 0$）。

　　亦即，科氏力與物體的速率成正比，速率愈快，科氏力愈大；速率愈慢，科氏力愈小。此外，科氏力垂直運動的方向，在北半球科氏力恆指向風向之右邊，使風向右偏；在南半球，科氏力恆指向風向之左邊，使風向左偏（圖 8-9）。科氏力僅改變氣流行進的方向，並未改變其速率。

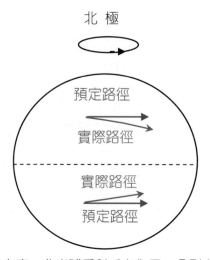

圖 8-9　氣流在南、北半球受科氏力作用，分別向左、右偏移

在一般情況，科氏力與其他外力相比並不重要。例如，風速為 10 m/s，科氏加速度僅為 0.001 m/s²，在短時間或短距離的運動中不需考慮。在長時間或長距離的作用下，物體才會顯著偏移原來的路徑，特別是在中、大（100～10,000 km）及全球（> 10,000 km）尺度的風場，必須考慮科氏力的效應，而小尺度（2 mm～20 km）的風場不需要考慮科氏力的影響。

4. 摩擦力

當物體在介質中或與其他物體接觸而運動時，例如風通過地表，即會產生與運動方向相反的摩擦力（friction force）F_f，使風速減小，並可改變風向。

摩擦力的大小與黏度（viscosity）有關，黏度又可分二類，與物體分子特性相關的稱為分子黏度（molecular viscosity），為物性；另一類是因流體不規則運動而產生的（如亂流），稱為渦旋黏度（eddy viscosity），不是物性。

8.2.2　運動方程式

1. 水平運動

由牛頓運動定律，物體的加速度等於單位質量的總外力，即：

$$a = \Delta V/\Delta t = PG_H + F_C + F_f \qquad (8\text{-}13)$$

上式中，a 為氣流的水平加速度，t 為時間，PG_H、F_c 及 F_f 分別代表水平方向的氣壓梯度力、科氏力及摩擦力所產生的加速度。這裡未考慮重力，因其不影響氣流的水平運動。

2. 垂直運動

空氣的重量被垂直方向的氣壓梯度力平衡（靜壓式），因而大氣的垂直運動速度通常遠小於水平運動速度（如幾百分之一）。但地面受熱後會產生上升熱泡，雖然其垂直運動速度微小（大約 1 cm/s），但足以把近地面的熱量和水氣每天提升約 1 公里的高度。而當有特殊劇烈天氣（如雷雨、颱風）發生時，垂直運動速度可超過 30 m/s。

此外，上升氣流冷卻達到飽和時，凝結釋放潛熱，使周圍的空氣變輕，不穩定性增強，又增強垂直運動速度。因此，大氣中上升的氣流通常較下沉運動劇烈，對降水、風暴

等天氣變化的關係非常密切。

導致大氣垂直運動主要有三種原因：

(1)地表加熱作用，除提過的熱泡外，夏季午後地面受日曬迅速增溫，低層空氣因不穩定而上升，可造成午後雷陣雨，是對流雨。

(2)地形抬升作用，例如氣流遇到山坡，在迎風面形成雲（圖 6-15），是地形雲。

(3)暖空氣因冷空氣切入而被迫抬升，形成鋒面雲（圖 5-17）。

8.3　高空風

在自由大氣的高空風遠離地面，摩擦力可忽略，有地轉風及梯度風二種基本風場，即所謂的平衡風（balanced wind）分述於下（Holton, 2012）。

8.3.1　地轉風

當高空氣流沿著直線等速且平行於等高線行進時，此種風稱作地轉風（geostrophic wind），$V_g (> 0)$。因氣流的加速度 $a = 0$，（8-13）式簡化為：

$$PG_H + F_C = 0$$

即水平氣壓梯度力與科氏力大小相等，方向相反。再由式（8-3）、（8-11）及（8-12）可得：

$$V_g = -\frac{1}{\rho f} \cdot \frac{\Delta P_H}{\Delta n} = \frac{g_0}{f} \cdot \frac{\Delta Z}{\Delta n} \tag{8-14}$$

上式即為地轉風式（equation of geostrophic wind）。

茲以圖 8-10 說明，虛線表示氣塊在外力尚未達到平衡時的移動狀況，實線表示外力相互平衡時的狀況，氣壓梯度力是由高的高度指向低的高度。平衡時，氣塊平行於等高線等速前進，且科氏力指向氣塊行進的右方。

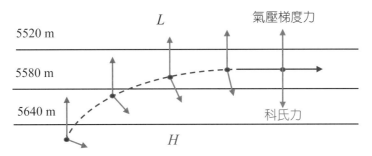

圖 8-10　地轉風平行於等高線（無摩擦力／北半球）

例題 1

在北緯 45°，若向東 500 km 勢位高度增加 100 m，求地轉風的風速。已知 $\Omega = 7.3 \times 10^{-5}$ rad/s。

解：

$f = 2\,\Omega \sin\phi = 2 \times (7.3 \times 10^{-5}/\text{s}) \times \sin 45° = 1.03 \times 10^{-4}/\text{s}$，由（8-14）式得：

$$V_g = \frac{g_0}{f} \cdot \frac{\Delta Z}{\Delta n} = \frac{9.81\,\text{m/s}^2}{1.03 \times 10^{-4}/\text{s}} \times \frac{100\,\text{m}}{500,000\,\text{m}} = 19.0 \text{ m/s}$$

例題 2

在北緯 45°，若向東 500 km 壓力增加 1 kPa，求地轉風的風速。已知 $\rho = 1$ kg/m³，$\Omega = 7.3 \times 10^{-5}$ rad/s。

解：

由上例題知 $f = 1.03 \times 10^{-4}/\text{s}$，由（8-14）式可得：

$$V_g = \frac{1}{\rho f} \frac{\Delta P}{\Delta n} = \frac{1}{(1\text{kg/m}^3) \times (1.03 \times 10^{-4}/\text{s})} \cdot \frac{(1000\text{Pa})}{(500 \times 10^3\text{m})} = 19.4 \text{ m/s}$$

上二例的結果幾乎相同，因此在等壓面上高度改變 100 m，大約相當於 1 kPa 的壓力改變。

8.3.2 梯度風

當高空氣流平行於等高線行進，且無切線加速度（$V=$ 定值 > 0），但行進的路徑為曲線而非直線，此種風稱作梯度風（gradient wind）。由於作曲線運動，既使無切線加速度，仍有法線加速度，因此水平氣壓梯度與科氏力未相互平衡，此時端視二者絕對值的大小而有二種風場，分述於下。

1. 當 $F_C > PG_H$

如圖 8-11（上）所示，氣塊在二等壓線間行進，科氏力指向前進方向的右側，氣壓梯度力指向左側。由於科氏力大於氣壓梯度，因此未平衡的力拉著氣塊向右彎，做順時針方向移動，同時右側的氣壓高於左側，因此為高壓中心（H）。

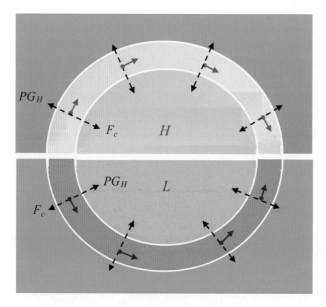

圖 8-11　高壓區（H）順時針旋轉，低壓區（L）逆時針旋轉

2. 當 $F_C < PG_H$

如圖 8-11（下）所示，由於科氏力小於氣壓梯度力，因此未平衡的力拉著氣塊向左彎，做逆時針方向移動，同時右側的氣壓低於左側，因此為低壓中心（L）。由於沒有摩擦力，因此梯度風的等壓線亦為流線。

前述未平衡的力是因物體作曲線運動時衍生的離心加速度 F_{Ce}（$= V^2/R$），其中 R 為曲率半徑（依慣例，曲率中心在前進方向的左側，$R > 0$；在右側，$R < 0$）。考慮離心力時，梯度風的水平運動式為：

$$PG_H + F_C + F_{Ce} = 0$$

或

$$-\frac{1}{\rho} \times \frac{\Delta P}{\Delta n} + fV + \frac{V^2}{R} = 0 \tag{8-15}$$

上式為二元一次式，因 $R > 0$ 或 $R < 0$，可有四組解，又因 $V > 0$，捨去二組不合理的解，可得：

$$氣\quad 旋（L）：V = \frac{fR}{2} \times [-1 + \sqrt{1 + 4 \times Ro}]\ (R > 0) \tag{8-16}$$

$$反氣旋（H）：V = \frac{fR}{2} \times [-1 + \sqrt{1 - 4 \times Ro}]\ (R < 0) \tag{8-17}$$

其中 Ro 為曲率羅士比數（Curvature Rossby number），定義為：

$$Ro \equiv \frac{V_g}{f \times |R|} \tag{8-18}$$

而地轉風 V_g 可由（8-14）式求得。當 $R \to \infty$，$Ro = 0$，等高線為直線，梯度風簡化為地轉風。若以地轉風近似梯度風，對氣旋低壓，風速通常高估，對反氣旋高壓通常低估，二者誤差約 10～20%。

例題 3

若繞低氣壓的地轉風速度是 10 m/s，求梯度風的風速。已知 $f = 10^{-4}$/s，$R = 500$ km。

解：

由（8-18）式得：$Ro = \dfrac{10\text{m/s}}{(10^{-4}/\text{s}) \cdot (5 \times 10^5 \text{m})} = 0.2 \ll 1$ 帶入（8-16）式得：

$$V = 0.5 \cdot (10^{-4}/\text{s}) \cdot (500000\,\text{m}) \cdot [-1 + \sqrt{1 + 4 \cdot 0.2}] = 8.54\ \text{m/s}$$

在北半球，高空氣流繞著高壓中心呈順時針方向旋轉，稱作反氣旋（anticyclone, $R <$ 0）；低氣壓呈逆時針旋轉，稱作氣旋（cyclone, $R > 0$），如圖 8.12a-b。在南半球，反氣旋呈逆時針旋轉，氣旋呈順時針旋轉。

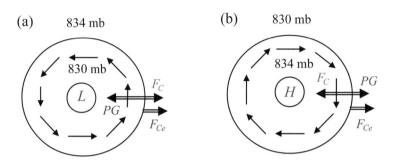

圖 8.12　北半球：(a) 低壓氣旋（$R > 0$），(b) 高壓反氣旋（$R < 0$）

由（8-17）式知，高壓中心的合理解需 $R_o \leq 1/4$，表示高壓中心的等壓線不能密集，曲線平緩，不能急速彎曲。但是低壓中心卻無此限制，且在中心常呈尖頭形，如圖 8-13（Stull, 2015）。因此，高氣壓的風速較溫和，但低壓中心風速可以很強烈，如風暴或颱風。

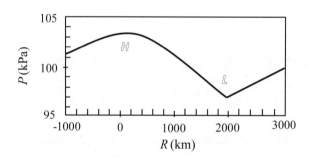

圖 8-13　地面氣壓穿過反氣旋（H）及氣旋（L）的變化，低氣壓中心可有尖頭，但高壓中心卻平緩

特別是，若氣壓梯度力相同時，高壓中心的科氏力需平衡氣壓梯度力及離心力，但低壓中心的科氏力只需平衡二者的差值，因此高壓中心的科氏力大於低壓中心的科氏力。因科氏力與風速呈正比，故高壓中心的風速較低壓中心的風速快。然而實際上，高壓脊的等壓線寬鬆，低壓槽的等壓線密集，因此通常低氣壓風速較高氣壓風速快。

8.4　近地面風

在大氣邊界層內亂流摩擦力顯著（見第九章），由於摩擦力的方向恆與風向相反，因此減低風速，同時減少科氏力，以致近地面風向左偏而穿越等壓線，如圖 8-14。

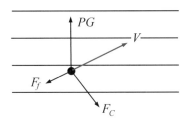

圖 8-14　近地面風受摩擦力作用穿越等壓線

在北半球，近地面風以順時針環繞並螺旋流出高壓中心（輻散），為反氣旋，以逆時針環繞並螺旋流入低壓中心（輻合），為氣旋，如圖 8-15；在南半球則相反。

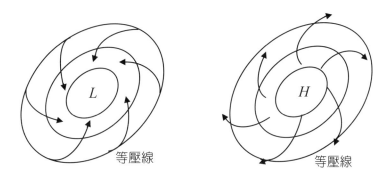

圖 8-15　在北半球，近地面風順時針方向流出高壓中心（H），逆時針方向流入低壓中心（L）

因中緯度高空盛行西風，經常在東亞衛星雲圖上可看到，雲由西向東走，因此高空的等高度線呈緯向波狀，如圖 8-16。但地面天氣圖卻迥異於高空圖，地面圖的等壓線南北波動幅度非常明顯，且常出現閉合的高壓或低壓，如圖 8-17。特別是，臺灣北部、東部地面不常吹西風，而常是東北風、北風或東風，除臺灣是在副熱帶外，另一原因就是高空風與近地面風的受力不同所造成的。

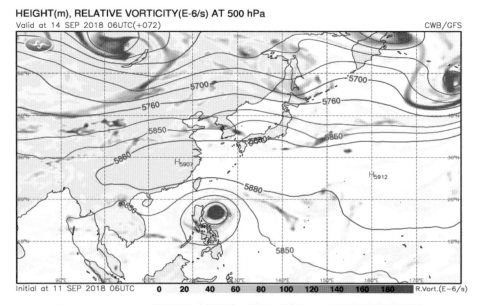

圖 8-16　500 mb 等高線（藍色）分布（摘自：中央氣象局網站）

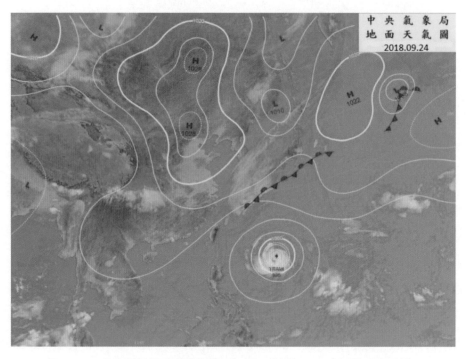

圖 8-17　典型的東亞綜觀地面天氣圖（摘自：中央氣象局網站）

8.5　熱力風

當水平溫度不均勻時，溫度高的地方等壓線的高度比溫度低的等壓線高（壓高式（8-8）），亦即水平溫差會造成等壓線的傾斜，產生水平氣壓梯度力，而生風。

圖 8-18 顯示，因暖處（$x = x_2$）空氣的密度較冷處（$x = x_1$）的密度輕，故在暖處兩等壓線的間距隨高度增加的幅度大於冷處（$\delta z_2 > \delta z_1$）。換言之，水平氣壓梯度力 PG_H 隨高度的升高而增加。由於地轉風所受的科氏力 F_C 與 PG_H 大小相等，方向相反，故科氏力及地轉風風速 V_g 皆隨高度的升高而增加。此種因水平溫差而造成不同高度的風速差（風切）稱作熱力風（thermal wind），且南北向的溫差產生東西向的熱力風（此與中緯度高空盛行西風相吻合），東西向的溫差產生南北向的熱力風。至於風向，在北半球，暖區恆在熱力風的右側，冷區恆在左側；在南半球，則相反。

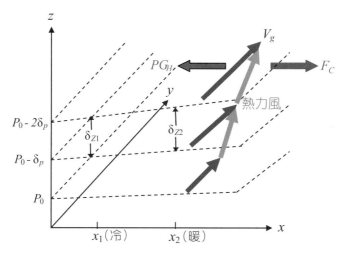

圖 8-18　熱力風是水平溫差造成不同高度的風速差所形成

8.6　大氣運動的分類

為方便探討天氣系統，常將大氣運動依空間及時間的分成四類：全球尺度（global scale）、綜觀尺度（synoptic scale）、中尺度（mesoscale）及微尺度（microscale），如表 8-2 及圖 8-19，有時將綜觀尺度及全球尺度合併稱作宏觀尺度（macroscale）。

表 8-2　大氣運動的時空尺度

名稱	空間尺度	時間尺度	事件
微尺度	1 m～1 km	秒一時	小渦漩，煙流，積雲，龍捲風
中尺度	1～100 km	時一日	雷雨，雲群，局部風，區域風，都市污染
綜觀尺度	100～10,000 km	日一週	高及低壓系統，鋒面，熱帶氣旋，颱風，臭氧洞
全球尺度	> 10,000 km	週一月	全球風場，行星波，全球暖化

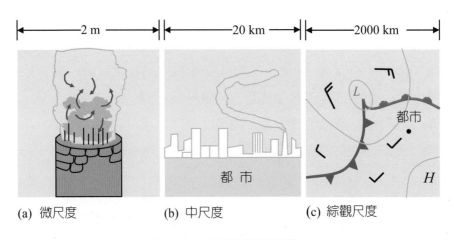

(a) 微尺度　　　　(b) 中尺度　　　　(c) 綜觀尺度

圖 8-19　大氣運動的尺度

8.7　風力及風向

風力的強弱用風速來衡量，一般依蒲福風級表（Beaufort wind scale）將風力分成 18 個等級（表 8-3）。

表 8-3　蒲福風級表

風級	名稱	高出地面十公尺之平均風速		說明
		每秒公尺	每時公里	陸上情形
0	無風	0～0.2	< 1	靜，煙直上。
1	軟風	0.3～1.5	1～5	煙能表示風向，風標不動。
2	輕風	1.6～3.3	6～11	樹葉有聲，普通風標轉動。
3	微風	3.4～5.4	12～19	樹葉、小枝及旌旗微晃。
4	和風	5.5～7.9	20～28	地面揚塵，小樹幹搖動。

風級	名稱	高出地面十公尺之平均風速		說明
		每秒公尺	每時公里	陸上情形
5	清風	8.0～10.7	29～38	小樹搖擺，水面有小波。
6	強風	10.8～13.8	39～49	大樹枝搖動，電線呼叫聲，舉傘困難。
7	疾風	13.9～17.1	50～61	樹搖動，迎風步行有阻力。
8	大風	17.2～20.7	62～74	小枝吹折，行人不易前行。
9	烈風	20.8～24.4	75～88	煙囱等將被吹毀。
10	狂風	24.5～28.4	89～102	拔樹倒屋，或有其他損毀。
11	暴風	28.5～32.6	103～117	有災害。
12	颱風	32.7～36.9	118～133	―
13	颱風	37.0～41.1	134～149	―
14	颱風	41.5～46.1	150～166	―
15	颱風	46.2～50.9	167～183	―
16	颱風	51.0～56.0	184～201	―
17	颱風	56.1～61.2	202～220	―

註：颱風強度等級劃分見表 15-1。

　　風從何方向吹來就是風向的定義，通常以圓周上的 16 個等分來確定風向的名稱，如北（N）、東北（NE）、東北北（NNE）、西南西（WSW）、西北（NW）等，如圖 8-20。

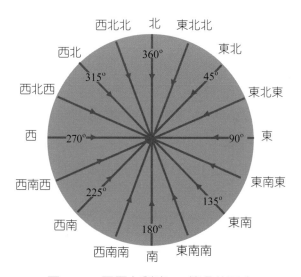

圖 8-20　圓周上對應 16 等分的風向

　　風花圖（wind rose）是表示某一地區在某一時段內不同風向出現的頻率（圖 8-21），風向發生頻率最高者稱為該地在該段時的盛行風（prevailing wind），如圖中的西北風（NW）。盛行風對一地區的影響是極顯著的，包括都市土地利用、焚化廠及下水道處理廠址選定、污染物及病媒傳播方向等。

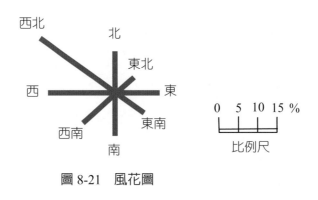

圖 8-21　風花圖

思考・練習八

1. 簡述造成等壓面傾斜的原因。

2. 在 800 公尺的高地測得壓力 940 mb，在海平面為多少？

3. 等壓面的高度如何隨溫度變化？

4. 簡述等壓線間距與風速的關係。

5. 氣流運動時受哪些外力？

6. 高空風的基本風場為何？何者常被當作代表性風場？

7. 在 45°N 的高空，500 mb 及 504 mb 等壓線的距離為 250 km，求地轉風的風速。已知 ρ = 0.70 kg/m³，$\Omega = 7.3 \times 10^{-5}$ rad/s。

8. 續上題，若等壓線的曲率半徑是 1000 km，求梯度風的風速。

9. 在北半球如何判斷科氏力的方向？

10. 從力及運動方向，簡述高空風和地面風的差異。

11. 在北半球，高氣壓及低氣壓與下列何者相關：

　　氣旋　反氣旋　輻合　輻散　順時針旋轉　逆時針旋轉

12. 簡述熱力風的成因，在北半球如何判斷其方向。

　　大氣邊界層是地表與大氣進行熱量、水氣及空氣污染物交換、混合的第一個通道，也是氣團（air masses）活動的主要場所，直接影響天氣狀況及人們的日常生活作息，因此對其結構和演變的了解格外重要。

9.1　概述

　　就流場特性而言，對流層包括大氣邊界層（atmospheric boundary layer）及自由大氣（free atmosphere），如圖 9-1。空氣是有黏度的流體，風吹過地面時，為滿足在地面無滑動的條件（風速 =0），就在近地表的低空形成大氣邊界層，簡稱邊界層。大氣邊界層的高度隨緯度及季節而變化，一般距地面 1～2 公里，其上為自由大氣。

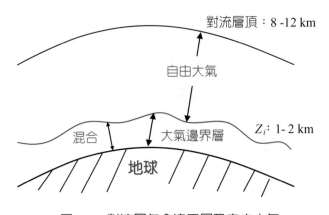

對流層頂：8 -12 km

自由大氣

混合　　大氣邊界層　　Z_i: 1-2 km

地球

圖 9-1　對流層包含邊界層及自由大氣

　　每天日出、日落、加熱、冷卻，使得地面與大氣邊界層產生循環性的熱量傳遞，氣溫呈現日循環（diurnal cycle）變化，但自由大氣的氣溫卻無此明顯現象，如圖 9-2（Stull, 2015）。

　　圖 9-3 為標準大氣（粗藍線）的溫度 T 隨氣壓 P 的變化，直減率為 6.5℃/1 km，小於乾絕熱直減率～10℃/1 km（細黑線，位溫 θ = 常數），因此標準大氣為靜態穩定。圖 9-4 為標準大氣（虛紅線）及實際大氣（藍色）的位溫 θ 隨高度 Z 的變化，顯示標準大氣的位溫隨高度的增加而增加，即（6-4）式。

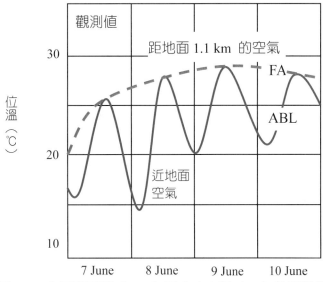

圖 9-2　大氣邊界層（ABL）及自由大氣（FA）位溫變化

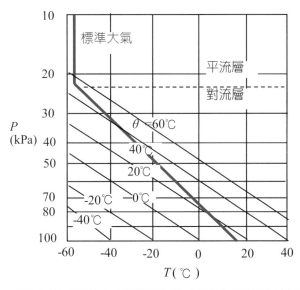

圖 9-3　標準大氣（藍色）及乾絕熱線（細黑）的溫度隨氣壓的變化

　　經常性的亂流為大氣邊界層的特徵，混合效果遠較幾無亂流的自由大氣佳，因此大氣邊界層的垂直溫度異於標準大氣，上下混合的結果使下層氣溫較均勻，亦即邊界層的氣溫是界於高空氣溫與地面氣溫之間，因此在與自由大氣交合處出現冠蓋逆溫（capping inversion），使邊界層內有效垂直混合侷限其下，其高度 Z_i 通稱混合層高度（height of mixing layer），如圖 9-4。

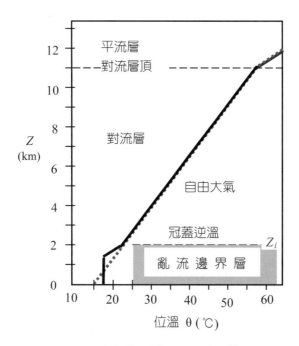

圖 9-4　標準大氣（虛紅線）及典型實際大氣（藍色）的位溫隨高度的變化

9.2　大氣邊界層的結構及演變

9.2.1　日夜結構

在一個典型的高氣壓好天氣，大氣邊界層不時有積雲或層積雲，其日夜垂直結構如圖 9-5（Stull, 1988）。中午以後是一個不穩定的混合層，邊界層發展至最高，亂流、摩擦、混合為其特徵。日落後至翌日清晨在低空是一個穩定（夜間）邊界層（stable（nocturnal）boundary layer），其上是剩餘層（residual layer），殘留著部分日間混合層的污染物及水氣。在最底部是地面層（surface layer），厚度 20～200 m，約是邊界層厚度的 10%。

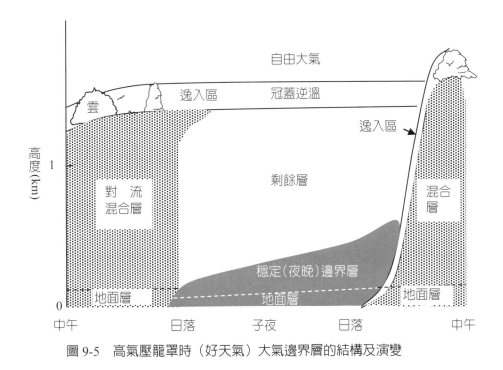

圖 9-5　高氣壓籠罩時（好天氣）大氣邊界層的結構及演變

在混合層之上有一狹窄的逸入區（entrainment zone），分開了混合層及自由大氣，因自由大氣的空氣可由此逸入混合層而得名。由於自由大氣相鄰較高溫的混合層，因此不論大氣穩定度如何變化，逸入區經常是穩定的逆溫層，就像一個蓋子，阻礙空氣向上發展，因此又稱作冠蓋逆溫。

9.2.2　溫度、位溫、混合比、風速

圖 9-6 為邊界層典型好天氣的白天及夜晚溫度（T）、位溫（θ）、混合比（r）及風速（U）的垂直變化，分述於下（Stull, 2015）。

在白天，溫度 T 及位溫 θ 顯示地面層經常是超絕熱不穩定，而混合層近似穩定。混合比 r 隨高度的增加而遞減，近地面遞減較快，在混合層遞減較慢，此反應土壤及植物蒸發的水分，由下逸入上方較乾的空氣，水分在跨過混合層頂時快速減少。在夜晚，近地面出現逆溫，低空是穩定邊界層。混合比在穩定邊界層隨高度而增加（因地面逆溫），在剩餘層緩慢隨高度而遞減，跨過冠蓋逆溫層則快速減少。

(a) 白天（下午 3 點）

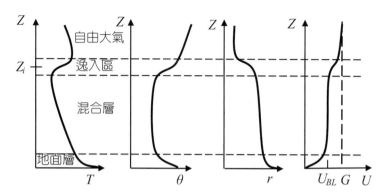

(b) 夜晚（凌晨 3 點）

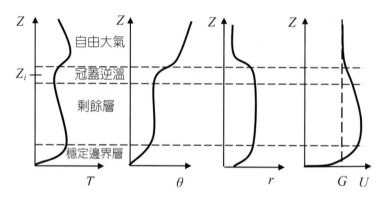

圖 9-6　邊界層典型的日夜溫度 T、位溫 θ、混合比 r、風速 U 的垂直變化，G（虛線）為地轉風平均風速

　　風速 U 自地面隨高度而增加，在下午混合層亂流強，風速較均勻，但受制摩擦力，風速小於地轉風。日落後，近地面亂流消失，摩擦力減弱，風速增強，同時混合層高度下降；到了午夜至翌日凌晨，離地面幾百公尺的風速可能快過地轉風。

9.2.3　艾克曼螺旋

　　邊界層內的摩擦力顯著，卻無科氏力，而自由大氣科氏力顯著，卻無摩擦力。因此從自由大氣到地面有一過渡區，氣壓梯度力、科氏力及摩擦力均重要，此過渡區稱為艾克曼層（Ekman layer），由邊界層頂向下到地面層。

　　由於摩擦力愈近地面愈大，故相對於自由大氣的地轉風，愈近地面風速愈小，科氏力亦愈小，因此風向隨高度的降低而不斷向左偏（圖 9-7）。圖 9-8 為艾克曼層水平面的風徑圖（hodograph），因成螺旋狀，故稱艾克曼螺旋（Ekman spiral）。

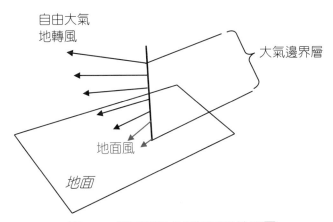

圖 9-7　邊界層包含艾克曼及地面層

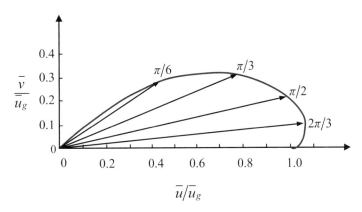

圖 9-8　風徑圖：艾克曼螺旋的水平風速分量

9.3　高氣壓及低氣壓的影響

　　大氣邊界層高度又受綜觀尺度（約 1000 km）高、低氣壓的影響。在北半球，大氣邊界層的風以順時針環繞並螺旋流出高壓中心（輻散），而以逆時針環繞並螺旋流入低壓中心（輻合）。

　　為滿足質量守恆律，自由大氣的空氣需向下流動，以補充地面高壓中心水平流出的空氣（圖9-9）。但下沉氣流無法穿越冠蓋逆溫層進入邊界層，而是將冠蓋逆溫層下壓，使邊界層變淺，並加大逆溫效果，以致污染物被困在較淺的邊界層，在靜風或弱風下，易造成空氣污染事件（Stull, 2015）。

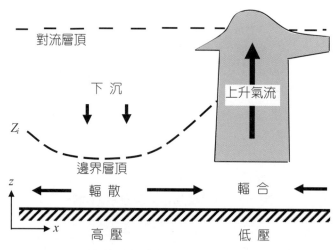

圖 9-9　綜觀尺度高低氣壓對大氣邊界層的影響

　　另方面，邊界層的風以逆時針穿越等壓線，流入低壓中心。為滿足質量守恆律，地面空氣需向上運動。而經常綜觀強迫（synoptic forcing）或低壓氣旋的力量強大，能輕易消除冠蓋逆溫層，使邊界層能和整個對流層藉由雷雨及雲系作深度混合。如此，近地表的空氣污染物可被帶入高空稀釋，或是因下雨而被滌除，使空氣品質變佳。

　　當然，鋒面（front）亦會調控邊界層。如圖9-10，當冷、暖氣團相遇形成鋒面時，冷氣團楔入暖氣團下方，暖氣團則沿鋒面上滑形成雲系。由於鋒面交會處的上升氣流強勁，彌除了邊界層，此時大氣邊界層是在離地面鋒兩側的較遠處（氣團及鋒面另敘於第十二章）。

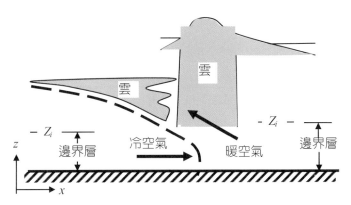

圖 9-10　鋒面對大氣邊界層之修正

9.4　高氣壓及低氣壓的天氣

當氣流上升，因膨脹降溫，易生雲或陰雨天氣。當氣流下沉，因壓縮增溫，少雲霧，天氣多晴朗。

高氣壓（反氣旋）引發下沉氣流，通常風弱，大氣穩定。天空或有層雲、層積雲，但下沉氣流抑制了雲的發展，雲層稀疏不厚，多是好天氣。反之，低氣壓（氣旋）引發上升氣流，大氣不穩定，天空多厚密的積狀雲或雨層雲，降雨機率大，是所謂的「壞」天氣。

高壓氣團接近時，地面氣壓先是持平，接著持續上升，表示天氣開始好轉，通常可維持數日的好天氣。之後，地面氣壓開始下降，表示低氣壓或鋒面正在接近，如氣壓持續下降，天氣即將轉壞。這種短時間（如過去三小時）地面氣壓上升（/）、下降（\）或持平（－）的傾向，稱為氣壓趨勢（pressure tendency）。掌握這細微變化，便可提供更準確的短期天氣預報。（參見附錄 2「天氣符號」中的「氣壓趨勢」）

思考・練習九

1. 簡述大氣邊界層異於自由大氣之處。
2. 簡述大氣邊界層白天及夜晚結構上的差異。
3. 簡述大氣邊界層白天及夜晚的溫度剖面特徵。

4. 簡述大氣邊界層白天及夜晚的風場特徵。

5. 艾克曼層有哪些作用力？

6. 相較於高空風，低空風速較慢且風向偏左，簡述其原因。

7. 簡述高氣壓對大氣邊界層的影響。

8. 簡述低氣壓對大氣邊界層的影響。

9. 簡述高氣壓的天氣特徵。

10. 簡述低氣壓的天氣特徵。

11. 何項指標可輔助短期天氣預報？

第10章 全球大氣環流

大氣環流（general circulation）是指全球大規模有規律的大氣運動，空間尺度在 10,000～40,000 km 或以上，時間尺度是常年存在。大氣環流把地球的大氣連成一個完整體系，透過它的運轉，進行大規模熱量和水氣傳輸、交換並趨動洋流。因此，大氣環流對全球氣候的變化和調節具有非常重要的作用。

10.1 大氣環流的形成及模式

地球表面熱量分布不均，受熱的狀況是由該地吸收的太陽輻射能和向外放出的地球輻射能的差額決定的。如圖 3-13，在北緯 30° 到南緯 30° 之間有多餘的輻射熱，特別是赤道附近熱量盈餘最多，但是在溫帶至極地的熱量是虧損的。

然而地球各區域不論是熱量盈餘或虧損，長期的溫度都維持在一個平均範圍內，因此有一個機制使熱量由盈餘的地區傳送到虧損的地區。赤道是熱源，極地是冷源，赤道附近地面受熱的空氣上升至高空流向極地，極地上空的冷空氣下降至在低空又流回赤道，這樣就形成了赤道與極地之間的熱力環流系統（thermal circulation system）。有關大氣熱力環流早期是以單胞模式（single-cell model）描述，後來修正為三胞模式（three-cell model），分述如下。

10.1.1 單胞環流

單胞模式由 18 世紀英國氣象學家喬治‧哈德里（George Hadley）提出，其假設為：(1) 地球表面完全被水覆蓋，因此無陸地和水面不同受熱的情況；(2) 太陽直射在赤道上，因此無季節性的差異存在；(3) 地球不自轉，因此無科氏力。

如圖 10-1，熱空氣由赤道上升至高空，直到遇上如蓋子般的對流層頂（tropopause）無法繼續上升，迫使氣流轉而流向兩極，冷空氣由兩極下降至低空，地面空氣再由兩極沿經向（meridional）流回赤道，再重複上升、轉向、下沉、流回的過程，周而復始。如此，北半球及南半球的大氣均形成一個大環流胞，稱作哈德里胞（Hadley cell）。由於赤道附近過度受熱，因此產生廣闊的地面低壓；兩極過度受冷，成為地面高壓。

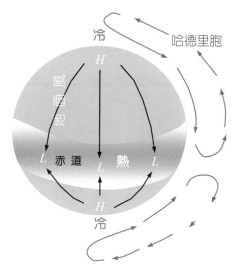

圖 10-1　大氣的單胞環流模式（地球不自轉）

　　然而以上卻與實際情況差異很大，例如，地面及高空幾乎沒有從極地直達赤道的南 -北經向氣流，特別是在中緯度地區的地面及高空盛行西風。

10.1.2　三胞環流

　　三胞環流模式仍保留單胞模式前二項假設，但考慮地球的自轉。如圖 10-2，熱空氣由赤道上升至高空，並向兩極流動，在北半球及南半球的大氣分裂成 3 個較小的胞，分界處在緯度 $\phi = 0°$、30°、60°，概述如下。

1. 哈德里胞（$\phi = 0°\sim30°$）

　　由赤道上升的空氣到對流層頂轉向極地移動，因輻射冷卻變重，同時開始輻合，使地面壓力上升，而在南、北緯 30° 附近形成副熱帶高壓（subtropic high/$\phi \approx 25°\sim35°$）。

　　在北半球，副熱帶高壓帶流出的地面氣流分為南北兩支，南支流向赤道，在科氏力的作用下向右偏轉，因常年穩定，故稱東北信風（northeast trades），補充赤道附近上升的氣流。這樣就形成了赤道附近氣流上升，副熱帶地區氣流下沉，高空是由赤道流向副熱帶的西南氣流，低空是由副熱帶流向赤道的東北氣流，如此構成了低緯度的哈德里胞。此胞由熱力直接驅動，因此為熱力直接胞（thermally-direct cell）。

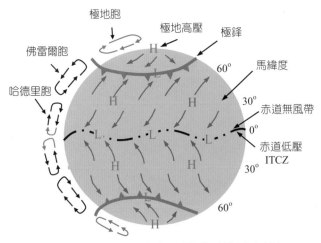

圖 10-2　大氣的三胞環流模式（地球自轉）

　　同樣的，在南半球的赤道附近，地面為東南信風（southeast trades）。東南信風和東北信風在赤道附近的間熱帶輻合帶（ITCZ/Intertropical converging zone）匯合，為赤道低壓（equatorial low, $\phi \approx 5°S\sim5°N$），由於空氣僅向上流動，地面幾乎無風，因此又稱作赤道無風帶（doldrums）。

　　圖 10-3 是美國航空暨太空總署（NASA）人造衛星所拍攝的影像，清晰可見兩股氣流在赤道附近輻合，是全球最大的降雨區。

圖 10-3　人造衛星拍攝在赤道附近氣流輻合的影像（摘自：NASA 網站）

2. 佛雷爾胞（Ferrel cell, $\phi = 30° \sim 60°$）

在副熱帶高壓帶下沉的地面風，北支流向極地，在科氏力作用下，向右（北半球）或向左（南半球）轉向，形成南北半球中緯度的盛行西風，稱為盛行西風帶（prevailing westerlies），簡稱西風帶（westerlies）。當此溫和的氣流朝極地行進時，在 60° 附近遇到由極地南下或北上的嚴寒氣流，這兩股氣流因溫差很大，不會即刻混合，而是被一道邊界隔開，這個邊界稱作極鋒（polar front），是副極地低壓帶（sub-polar low, $\phi \approx 40° \sim 65°$）。

在北半球，副極地低壓帶上升的氣流分成兩支，南支氣流在科氏力作用下向右偏，形成東北氣流並在副熱帶高壓帶下沉，補充了副熱帶高壓帶低空流出的空氣。這樣就形成了高空是由東北氣流，低空是由西南氣構成的中緯循環胞（在南半球亦相同）。為紀念美國氣象學家佛雷爾在大氣環流的研究貢獻，此胞遂以其名稱之。此胞非熱力直接趨動，為熱力間接胞（thermally-indirect cell）。

受副熱帶高壓的影響，在緯度 30° 附近下沉空氣增溫變得乾暖、天氣晴朗，為全世界主要沙漠的分布帶。因高壓中心之壓力梯度及風速微弱，傳說早期航海者行經此區時，經常風平浪靜而船舶不能移動，當食物及補給品用盡後，只得將馬丟到海裡或吃掉，因此稱這區域為馬緯度（horse latitudes）或馬緯無風帶（$\phi \approx 25° \sim 35°$）。

3. 極地胞（polar cell, $\phi = 60° \sim 90°$）

極地高壓（polar high, $\phi = 90°$）是冷源，向南（北半球）或向北（南半球）流出的地面冷空氣，在科氏力作用下，在北（南）半球的地面風為東北（東南）風，是所謂的極地東風帶（polar easterlies），並且補充由副極地高壓帶向上流出的空氣，遂構成高緯度的極地胞。

在理想狀況下，極鋒呈連續式圍繞著極地，如圖 10-4（Stull, 2015），然而實際大氣經常呈現分段的鋒面。

10.1.3　行星風系

綜上所述，三胞模式雖然在中緯度高空為偏東風與實際不符外，其他的描述，特別是近地面風與實際狀況相當一致。就全球而言，近地面有呈緯向分布的氣壓帶及風帶，稱之行星風系（planetary wind belt），如圖 10-5：

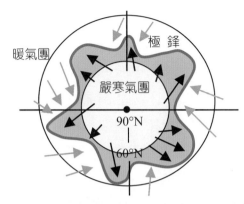

圖 10-4　理想的極鋒圍繞極地，是極地與溫帶氣團的邊界

7個氣壓帶：赤道低壓帶、副熱帶高壓帶（南北半球）、副極地低壓帶（南北半球）、極地高壓帶（南北半球）

6個風帶：東北信風帶、東南信風帶、西風帶（南北半球）、極地東風帶（南北半球）。

各緯度的天氣變化和氣候特徵，都是以此基礎發展出來的。

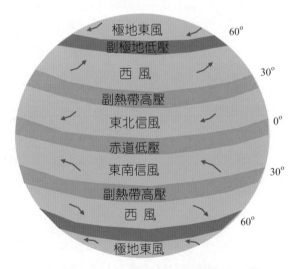

圖 10-5　行星風系的氣壓帶及風帶

10.2　實際氣壓場及風場

10.2.1　實際地面氣壓場及風場

　　圖 10-6 為長期平均下全球 1 月（冬季）的地面氣壓場及風場，顯示在北半球有兩處高壓及兩處低壓系統，雖然其位置及強弱會作季節性的變化，但整年存在，因此稱作半永久性高壓／低壓（SPHL, Semi-Permanent High/Low）。

　　在北半球冬季的二個半永久性高壓都是副熱帶高壓：(1) 太平洋高壓（Pacific high），位於 25°～35°N 之太平洋東側。(2) 百慕達高壓（Bermuda high），位於 25°～35°N 之大西洋。地面風以順時針方向繞著這兩個副熱帶高壓，因此信風向南吹，而盛行風向北吹。而在南半球，由於陸地相對較少，因此在 25°～35°S 之太平洋及大西洋，各有一個系統完整的半永久性副熱帶高壓。

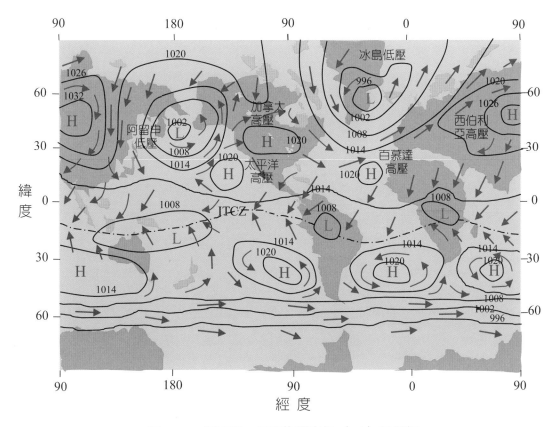

圖 10-6　海平面 1 月平均壓力場（mb）及風場

在北半球冬季的二個半永久性低壓都是副極地低壓：(1) 冰島低壓（Iceland low），位於 50°～65°N 之北大西洋；(2) 阿留申低壓（Aleutian low），位於 40°～60°N 之北太平洋。每年在這一帶有許多風暴，向東方移動，尤其是在冬天。

在多季，陸地氣溫遠低於海面，因此在北半球的陸地上另有兩個高壓，一是在東北亞之西伯利亞高壓，另一個是在北美洲強度較弱的加拿大高壓（Canadian high），而 ITCZ 在冬季退到南半球，可至南緯 20° 附近。

而在南半球，此時是夏季，陸地溫度高於海面，除澳洲外，其他陸地是低壓主控，副熱帶海面是高壓主控。

圖 10-7 為長期平均下全球 7 月（夏季）的地面氣壓場及風場，此時 ITCZ 由赤道附近向北移，最北可達 23°～30°N。由於地面變熱，在北半球有些淺層的冷高壓消失，或是由熱低壓取代。太平洋高壓仍在太平洋東側，但較強盛，而在南加州有一個較弱的熱低壓系統。在亞洲大陸，西伯利亞高壓消失，由東亞（伊朗）的熱低壓所取代。在北大西洋，冰

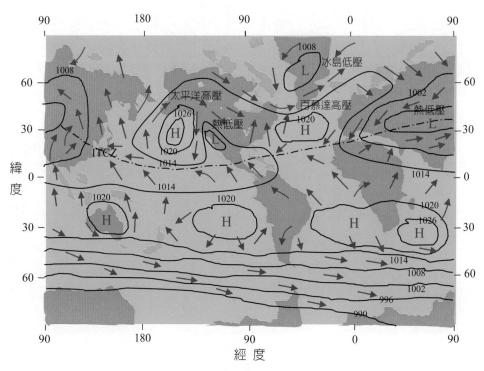

圖 10-7　海平面 7 月平均壓力場（mb）及風場

島低壓勢力減弱，範圍縮小。

　　而在南半球，此時是冬季，陸地溫度低於海面，除澳洲為高壓主控外，其他陸地低壓消失，副熱帶海面仍是高壓主控。

　　綜合而言，大氣環流並非三胞模式所述呈連續環繞地球的地面氣壓帶及風場。例如，中緯度地面的西風經常遷移在高、低氣壓之間，而不時被斷裂。真正連續地帶只有南半球的副極地低壓，因為那裡的海洋沒有受到陸地的阻隔。在其他緯度，尤其是北半球，大陸把海洋分隔，海陸溫差因季節而變化，遂產生了季風（見第 11.2 節），打破了等壓線連續的型態。此外，在海陸交界處，風向會向北或向南轉向。

10.2.2　實際高空氣壓場及風場

　　圖 10-8 為在 1 月 500-mb（平均高度 5,600 m）的等高線及等溫線分布，北半球高空並無閉合的高壓中心，而在南半球 15° 附近有兩處閉合的高壓中心。南、北半球中緯度

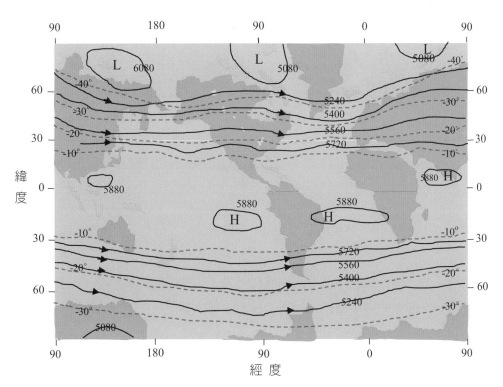

圖 10-8　500-mb 1 月平均壓力（mb）及溫度（℃）分布（箭頭為風向）

（30°〜60°）的等高線及等溫線均呈緯向波狀，高空盛行西風。而在北半球高緯度接近西經 180° 及接近東經 60° 處分別有冷、暖平流。

　　圖 10-9 為在 7 月 500-mb 的等高線及等溫線分布，南、北半球中緯度等高線及等溫線均呈緯向，高空盛行西風。北半球因陸地多，海陸溫差較大，經向波動較南半球大。在南半球 15° 附近兩處閉合的高壓系統，涵蓋的範圍較冬季時大。此外，夏季的等高線間距較冬季的寬鬆，因此風速較冬天弱。

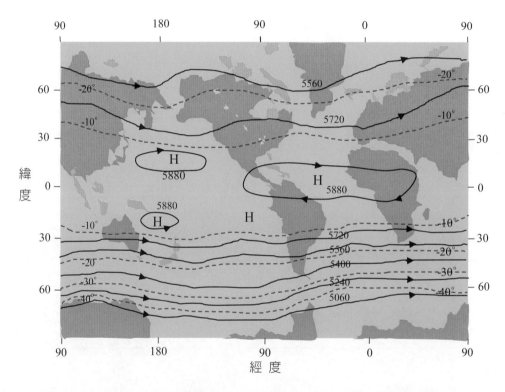

圖 10-9　500-mb 7 月平均壓力（mb）及溫度（℃）分布（箭頭為風向）

　　綜上所述，南北兩半球在中緯度高空盛行西風，並非三胞模式的東風。此外，除在赤道有哈德里胞外，並無明顯跡象顯示有佛雷爾胞或極地胞。

　　可能的變化是，圖 10-10 為赤道至北極氣流垂直剖面，顯示一支從 30° 附近下沉的氣流向北上升後下降，一支流向極地，另一支向南穿過極鋒流回赤道。此外，對流層頂並非連續，赤道處最高，極地最低，兩者以極鋒為邊界（Moran, et al., 2013）。

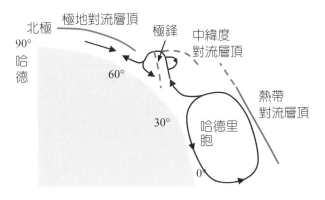

圖 10-10　赤道至北極氣流垂直剖面及南北向氣流

10.3　隨季節變動的氣壓帶及風帶

　　季節的變化是因地球極軸傾斜於黃道面 23.5°。然而，地球在黃道面不停的公轉，因此太陽偏角 δ 整年都在遷移。太陽在春分、秋分直射赤道（$\delta = 0°$），夏季直射北回歸線（$\delta = 23.5°$），在冬季直射南回歸線（$\delta = -23.5°$）。赤道是提供大氣環流的熱源，當太陽不直射赤道，全球大氣環流及降水量也跟著修正。

　　圖 10-11 為 ITCZ（間熱帶輻合區）於 1 月及 7 月的平均位置（Moran et al., 2013）。夏季時 ITCZ 北移到北緯 20°～30°N，氣壓帶及風帶也跟著北移，這是造成印度、南亞、中南美洲、北非等地，夏天為雨季的主要原因。而南半球的東南信風也越過赤道影響北

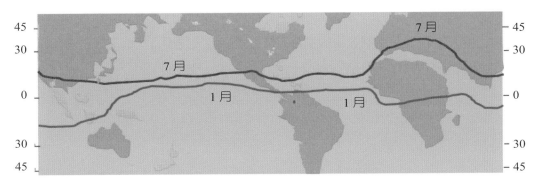

圖 10-11　ITCZ 做季節性的南北位移

半球低緯度地區。此時北半球的太平洋高壓及百慕達高壓勢力大增，範圍可擴展至北緯40°，而西風帶退縮到北緯 40° 以北的地區。冰島低壓勢力減弱，阿留申低壓消失。

　　冬季時，ITCZ 退到南半球，至南緯 20° 附近。此時北半球的副熱帶高壓帶勢力減弱，南移到北緯 30° 以南的地區，而西風帶勢力增強，擴展到北緯 30° 附近。同時，冰島低壓、阿留申低壓及西伯利亞高壓勢力增強。

　　氣壓帶和信風帶南北遷移，使各地的天氣和氣候特徵隨季節而改變，特別是在過渡地區更明顯。例如，在赤道低壓帶及信風帶之間的過渡帶，當赤道低壓帶主控時，多陰雨的天氣，形成雨季（夏溼）；在信風主控時，多晴朗的好天氣，形成乾季（冬乾）。此種雨季、乾季輪替的現象，造就了非洲賽倫蓋蒂草原（Serengeti savanna，1～3°S）百萬隻草食動物（如牛羚、大象、斑馬、蹬羚）半年一度的大遷徙，壯觀的景象無與倫比。

　　又如，在緯度 30° 到 40° 之間是副熱帶高壓帶及西風帶的過渡區，在夏季 ITCZ 北移，副熱帶主控，多晴少雨的天氣（夏乾）。在冬季 ITCZ 南移，西風帶主控時，因氣旋活動頻繁，則多陰雨的天氣（冬溼）。

　　由於 ITCZ、氣壓帶及風帶作連動式的季節性遷移，使全球各地的天氣變化更複雜、更多樣。因此，了解全球大氣環流的規律及修正因子，對氣候變化的了解是非常有助益的。

10.4　南北半球中緯度的高空均為西風

　　茲以北半球為例，如圖 10-12，赤道受熱的空氣上升，至某高度後熱浮力用盡，此時高空的高壓推動空氣向北方的低壓處流動，一旦空氣流動，科氏力立即使氣流向右偏移，如此邊前進邊向右偏移，當到達中緯度時氣流已與緯度大致平行，而形成西風。同樣地，南半球中緯度的高空亦盛行西風。

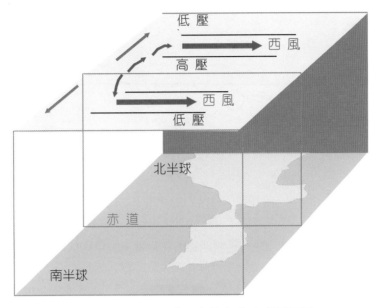

圖 10-12　南北半球的中緯度高空盛行西風

10.5　對流層頂噴流

當冷、暖氣流在對流層頂相遇時，由於水平溫差及氣壓梯度極大，類似熱力風，遂產生對流層頂噴流（tropopause jet），時速可達 150～200 公里。在緯度 60° 者稱作極鋒噴流（polar front jet），高度約 10 公里；在緯度 30° 者稱作副熱帶噴流（subtropical jet），高度約 15 公里，如圖 10-13。

噴流由西向東呈波狀前進（圖 10-14），有時南北波動輻度很大，有時會形成分流，有時兩股噴流相遇合而為一。

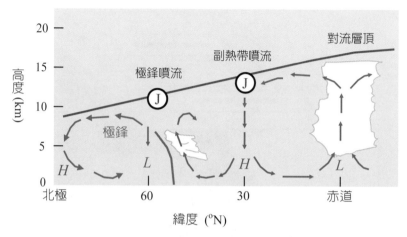

圖 10-13　在冬天極地和副熱帶噴流的平均位置

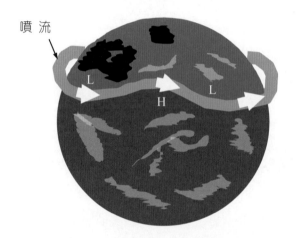

圖 10-14　噴流自西向東蜿蜒前進

10.6　大氣與海洋的交互作用

10.6.1　海洋的垂直結構

在地球上海洋和陸地的分布並不均勻，海洋占了地球表面約 71%，是陸地的 2.4 倍。在北半球海洋約占了 60%，在南半球約占了 80%。此外，北極為海洋，南極為大陸。

典型的海水溫度 T、密度 ρ 及浮力頻率 N 隨深度 z 的變化如圖 10-15，其中浮力頻率

N 的定義爲（Kandu and Cohen, 2004）：

$$N^2 = -\frac{g}{\rho_0}\frac{d\rho}{dz}$$（10-1）

　　海水表面因收太陽輻射作用，溫度最高，在上層 50～200 m 的海水因受亂流作用（包括風、海浪、垂直翻轉等）溫度分布均勻，之後隨深度增加而呈現急遽下降的變化。在水下 100～500 m 處的溫度梯度有最大值，此狹窄範圍的海水是一個穩定區，稱作斜溫層（thermocline）。而密度隨深度的變化亦雷同，在水下 100～700 m 處的穩定區域稱作斜密層（pycnocline）。在斜溫層或斜密層之上是溫暖較輕的海水，其下則是寒冷較重的海水。在 2500 公尺以下的水溫及密度幾乎不變，深海水溫僅略高於冰點。

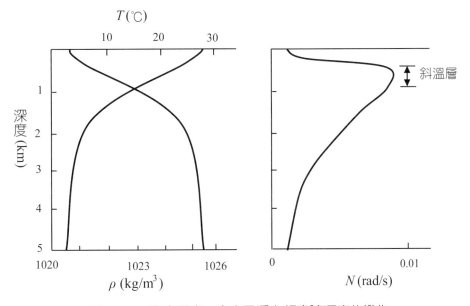

圖 10-15　海水溫度、密度及浮力頻率隨深度的變化

　　斜溫層及斜密層的深度通常隨緯度、經度及季節而變化，以中緯度地區最深，低、高緯度地區較淺。此外，海水的密度亦受鹽度（salinity）的影響，但是鹽度隨深度並無特徵的變化，因此海水密度的垂直變化主要是受溫度的影響，鹽度的影響是次要的。

10.6.2　洋流及洋流輸送帶

洋流或海流（ocean currents）形成的原因雖多，最主要是風造成的，其次是地球自轉、太陽輻射、氣壓等。海面受風吹而流動，同時科氏力改變海流方向。在北半球海面洋流向右偏離風向約 45°，在南半球向左偏離風向約 45°。就全球尺度而言，洋流的方向與風向一致，北太平洋為順時針方向流動，南太平洋為反時針方向流動。圖 10-16 示出 22 條世界三大洋中的主要洋流，其對應名稱如表 10-1（Ahrens, 2012）。

表 10-1　世界主要洋流

1. 灣流	9. 南赤道洋流	17. 祕魯洋流
2. 北大西洋流	10. 南赤道逆流	18. 巴西洋流
3. 拉不拉陀流	11. 赤道逆流	19. 福克蘭洋流
4. 西格陵蘭流	12. 黑潮	20. 本吉拉洋流
5. 東格陵蘭流	13. 北太平洋流	21. 阿哥拉斯流
6. 加那利洋流	14. 阿拉斯加洋流	22. 西風漂流
7. 北赤道洋流	15. 親潮	
8. 北赤道逆流	16. 加利福尼亞洋流	

洋流通過溫鹽環流（thermohaline circulation），又稱洋流輸送帶（ocean conveyor belt），緩慢進行全球的熱量傳輸、水氣交換及溫度調解，如圖 10-17。溫鹽環流是因海水溫度或鹽度差異造成海水密度差異所引發的流動。洋流之於海洋就像氣流之於大氣，是赤道與兩極間熱量傳輸僅次於氣流的重要機制。

洋流輸送帶始於格林蘭（Greenland）及冰島附近的北大西洋，那裡鹹的水面因受寒冷的北大西洋氣團而變冷、變重而下沉，並朝南流向大西洋深處，繞過非洲進入印度洋及太平洋；再穿過澳大利亞、印尼附近的太平洋進入印度洋，於是構成全球的海洋環流。

10.6.3　艾克曼螺旋及湧升流

受科氏力作用，海面洋流在北半球向右偏離風向 45°（圖 10-18）；隨深度增加，洋流速度減緩，且方向不斷向右偏，在海洋表層下方形成艾克曼螺旋。若風速為 6 m/s，則海

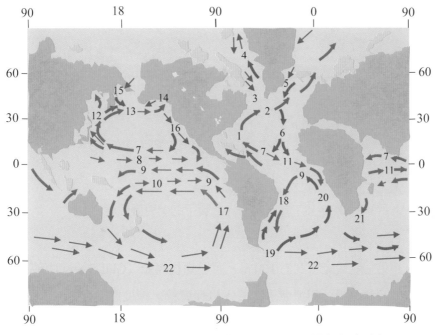

圖 10-16　全球主要的洋流（紅色為暖流，藍色為寒流）

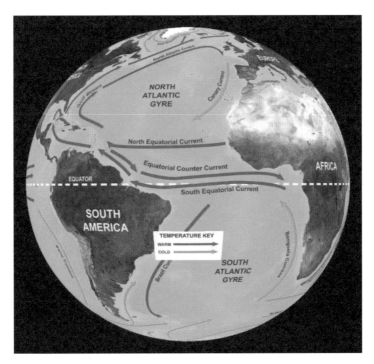

圖 10-17　全球洋流輸送帶，紅色為暖流，藍色為冷流（摘自：NOAA 網站）

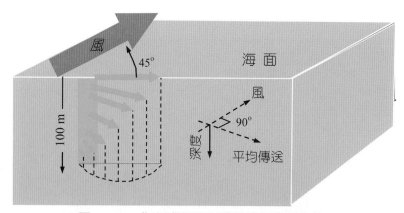

圖 10-18　北半球海洋表層下的艾克曼螺旋

面流速約 3 cm/s，艾克曼螺旋深度約 100 m。而黑潮和灣流（Gulf Steam）深約 200 m，寬約 100 公里，時速約 9 公里。洋流愈近中心，流速愈快，深度愈深，流速愈慢。

　　當海面風平行於海岸吹時，海水以垂直海岸向外流動，而岸邊被帶走的水，會被深處較冷的海水補充，形成湧升流（upwelling），如圖 10-19。當湧升流發生時，深海浮游生物或海草會浮至海面，吸引魚群獵食，此時出海捕魚易有豐碩的漁獲量。

圖 10-19　風平行海岸引發的湧升流（℃）

10.6.4　聖嬰及反聖嬰

　　經由大氣及洋流運動，可將赤道的熱量帶至寒冷的南、北極圈，有助全球熱量的交換及溫度的穩定。

　　當大氣或洋流發生任何異常變化時，會對全球或某些地區的氣候造成巨大的影響，如乾旱、豪雨、洪水，並影響生態圈及食物鏈。而目前被廣泛關注的大氣及海洋交互作用下的反常現象，是聖嬰（El Nino）及反聖嬰（La Nina）現象。

　　西班牙文 El Nino 義指 Christ boy（聖嬰），爲東太平洋的南美洲秘魯海岸在聖誕節時海水反常高溫，致使漁獲量減少。當地漁民利用這個空檔維修漁船、漁具，並將這股暖洋流稱作 El Nino。若惡劣情況持續很長一段時間，會嚴重影響微藻類、魚類的繁殖及生長，破壞食物鏈，可造成成千上萬的螃蟹、海獅因無魚可食，而橫屍海灘。

　　1924 年，英國氣象學家沃克（Sir Gilbert Thomas Walker）在研究印度大陸夏季洪水氾濫原因時發現，在南太平洋澳洲北端的達爾文（Darwin/13°S，131°E）和相距約 1600 公里的大溪地（Tahiti/18°S，149°W）的氣壓呈負相關變動，即達爾文爲高壓時，大溪地爲低壓；達爾文爲低壓時，大溪地爲高壓。因此，東西向的水平壓力梯度及風向會隨兩地的氣壓變化而轉向。

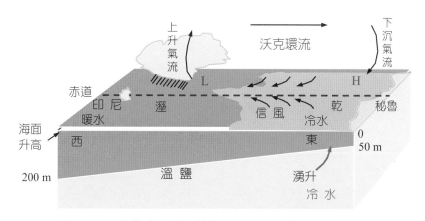

圖 10-20　熱帶太平洋正常情況的氣壓型態及沃克環流

　　兩地均位於南半球的熱帶太平洋，正常情況是吹東南信風（圖 10-20）。在太陽的照射下，赤道洋流自東向西流動，使得西太平洋的表層海溫升高，形成溫暖潮溼的上升氣流，是太平洋降水最豐富的地區。相反的，熱帶東太平洋海域爲冷水區，上空形成冷、重的下沉氣流，多爲晴朗少雲天氣。

　　平均而言，熱帶東太平洋低層大氣氣壓高，西太平洋低層大氣氣壓低，低層空氣就從東向西流動，同時補充西邊上升的空氣。而高空氣流常與低層空氣反向的流動，因此高空

盛行偏西風，而在東太平洋下沉補充向東流的空氣，這樣就在赤道地區形成一個熱力循環系統。1969 年，挪威氣象學家畢雅可尼（Jacob Bjerknes）將這個在低緯度太平洋上空形成的大氣環流稱作沃克環流（Walker circulation）。

此後，科學家將這種發生在南太平洋東西氣壓反轉，宛如蹺蹺板一上一下的現象稱為南方振盪（southern oscillation）。畢雅可尼在 1966 年又發現聖嬰與南方振盪有密切的關聯，當南太平洋的東、西壓差衰減時，聖嬰漸漸開始作用，聖嬰強盛時，信風由東南、東北風轉成西南、西北風，造成了熱帶太平洋東西向氣壓、氣流及洋流的反轉（圖 10-21）。此種聖嬰和南方振盪合併作用的現象，稱作聖嬰南方振盪（ENSO）。

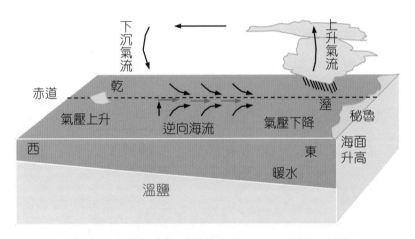

圖 10-21　聖嬰事件時熱帶太平洋海面及氣壓型態

當洋流反轉由西向東時，海面溫度遂由西向東增加；強盛時反常增溫更顯著（圖 10-22a 及 10-23a），熱的海風及洋流向東可達加拿大、加州，向東南可達南美洲的智利（Ahrens, 2012）。聖嬰現象一般由春末至初夏開始發展，秋冬季緩步加強，多數在隆冬達到高峰，最後約於隔一年春季逐漸減弱，但個案之間還是有許多的差異。

當聖嬰事件消退後，信風或是回復常態，或是變得異常強盛，並伴隨深海激烈的湧升流，使東及中太平洋海面溫度變得極冷（圖 10-22b），此種冷水事件與聖嬰的暖水事件相反，因此被取一個擬人化的名字，La Nina，是西班牙文「女嬰」的意思，而通稱「反聖嬰」。

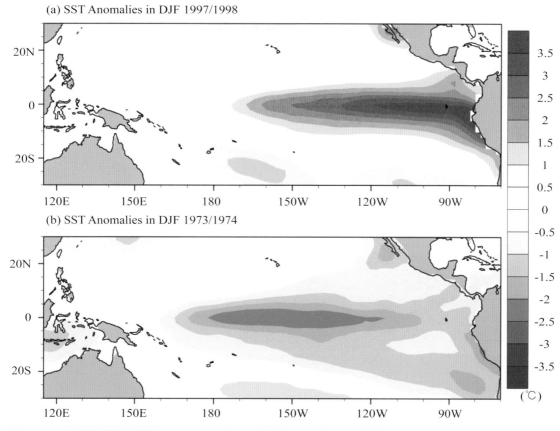

圖 10-22　海平面溫度距平：(a)1997 年 12 月至 1998 年 2 月的超級聖嬰；(b) 1973 年 12 月至 1974 年 2 月的反聖嬰。（www.cwb.gov.tw/V7/forecast/long/enso_outlook.htm）

圖 10-23　北美洲冬天反聖嬰事件典型天氣型態

　　為監測聖嬰及反聖嬰現象，科學家發展出許多指標，常用的是海洋聖嬰指數（Oceanic Nino Index），ONI，為赤道中太平洋海域 [5°N-5°S, 120°～170°W]3 個月滑動平均的海溫距平（anomaly），距平為實際值減去長期平均值。ONI > 1 是聖嬰事件，ONI < −1 是反聖嬰事件，如圖 10-24。

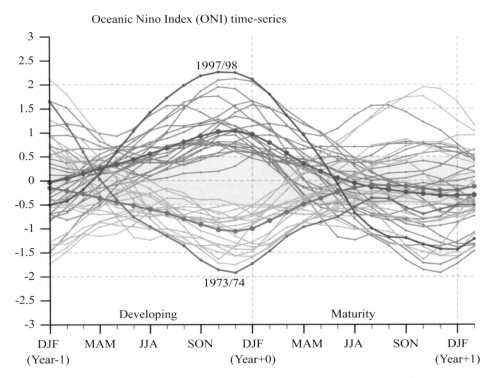

圖 10-24　1951 年至 2014 年所有聖嬰（紅線）及反聖嬰（藍線）的 ONI 時序圖，兩條粗線分別為所有聖嬰及反聖嬰的平均。最強的聖嬰（1997/98）及反聖嬰（1973/74）個案有特別標示。（www.cwb.gov.tw/V7/forecast/long/enso_outlook.htm）

思考・練習十

1. 於三胞環流模式，哪個胞是屬熱驅動？哪個胞非熱力驅動？
2. 寫出下列現象所在之緯度：
   赤道低壓、太平洋高壓、馬緯無風帶、極鋒、ITCZ
3. 簡述「赤道無風帶」無風的原因。

4. 爲何在夏天，陸地爲熱低壓主控？在冬天，陸地由高壓主控？

5. 續上題，在夏、冬，海面狀況又如何？

6. 高空風速通常是夏天快，還是冬天快？

7. 海面上吹北風，則海面洋流的行進方向爲何？

8. 簡述 ITCZ 如何隨季節遷移，及對氣候的影響。

9. 簡述溫鹽環流的成因。

10. 簡述沃克環流。

11. 當聖嬰現象發生時，於北半球近赤道處的風向爲何？

12. 寫出一項在近海捕魚的好時機（需與本章內容相關）。

第**11**章　局部及區域風場

當大尺度的盛行風微弱，通常是局部風（local winds）或區域風場（regional winds）主導當地的天氣。前章所述大氣環流中的信風、西風經常是吹向同一方向，而局部風或區域風儘管時空尺度不同，但都是受到海陸溫差、季節及地形等的影響，使風轉向（wind shift）。

11.1　局部風

局部風場的水平尺度約 2～20 km，相當於小區域的風場。而如果這些風是某些地區特有而又影響到天氣，人們就將這些風取名，以便區別。以下敘述的局部風場包括熱環流系統（海風、陸風、山風、谷風）、欽諾克風、焚風及下坡風。

11.1.1　熱環流系統：海風、陸風、山風、谷風

地面因受熱或冷卻不均勻，使溫度高的地方等壓線的高度比溫度低的等壓線高，遂在上空形成高壓（H），而在地面為低壓（L），如圖 11-1。在水平氣壓梯度力的驅使下，高空風吹向冷的低壓處（輻合）；冷空氣下降形成地面高壓（輻散），再流向地面低壓處。這種因水平溫差所引發之暖、輕空氣上升，冷、重空氣下降的環流稱作熱環流（thermal circulation），海風、陸風、山風及谷風即屬此類。

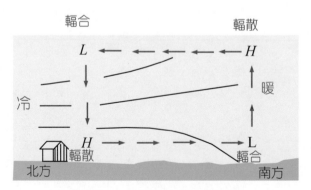

圖 11-1　水平溫差引發熱環流

1. 海風及陸風

　　通常下午陸地溫度高於海水，當顯著高於海面（> 4℃），會吹海風（sea breeze），如圖 11-2。海風為向岸風（onshore wind），因地面摩擦力較大，上岸後風速減慢，引發上升氣流（輻合），雲多在此處生成。

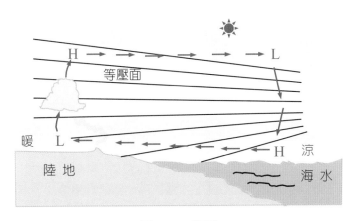

圖 11-2　海風

　　晚上因陸地冷卻快，如溫度顯著低於海面（< 4℃），會吹陸風（land breeze），如圖 11-3。陸風為離岸風（offshore wind），因水面摩擦力較小，入海後風速加快，引發下降氣流（輻散）。

圖 11-3　陸風

　　陸風所受的地面摩擦力較大，風速較海風弱，吹進海面約 10 公里，而海風吹進陸面

約 10～25 公里。海風及陸風均屬淺層風場，高度約 1,000 公尺。

2. 山風及谷風

　　若下午山谷的溫度顯著高於山頂（> 4℃），吹熱的谷風（valley breeze），坡面為低壓，如圖 11-4。

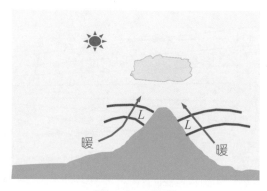

圖 11-4　谷風

　　晚上山頂冷卻快，若溫度顯著低於山谷（< 4℃），吹涼的山風（mountain breeze），坡面為高壓，如圖 11-5。

圖 11-5　山風

11.1.2　欽諾克風及焚風

　　越過山脈或山地的高溫乾燥氣流，在美國叫做欽諾克風（chinook），在歐亞稱作焚

風（foehn），在阿根廷稱作宗達風（zonda）。這種現象是因潮溼的空氣越山時所發生的，即水氣在迎風面沿山坡上升時降雨或下雪，釋出潛熱，而後在背風面以乾絕熱增溫（+10℃/km），遂形成高溫乾燥的空氣。

如圖 11-6，當空氣沿背風面下降時，被壓縮加熱（$\Gamma_d \approx 10℃/km$），山頂愈高，落山風至山腳的溫度愈高，溼度愈低。此外，若迎風面的溼度愈高，冷凝及降雨後所放出的潛熱愈多，背風面山腳下空氣的溫度也愈高，焚風現象愈明顯（參見第 6.7 節高空分析）。

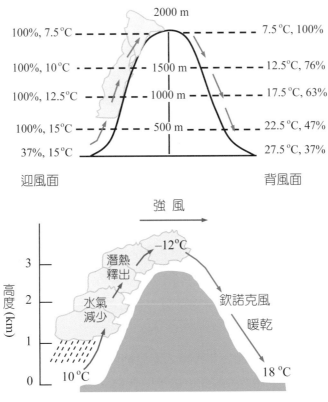

圖 11-6　空氣越山到背風面山腳之溫度及溼度

11.1.3　下坡風

在高山或高原，因氣溫低結冰，因此落山風極冷，風速也較強，此種風稱為下坡風（katabatic wind）或布拉風（Bora）。如圖 11-7，高原空氣為 –25℃，至山腳為 –4℃，仍

為冷風，且風速極快，風寒效應更明顯。法國冬季吹的西北風即屬此型，稱作密史脫拉風（mistral），時速可達 100 公里，經常造成災害。（註：katabatic 是落下之意）

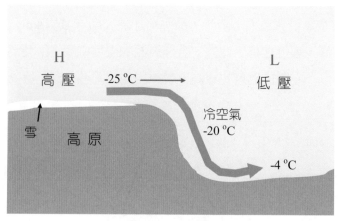

圖 11-7　下坡風

11.2　季風

季風（monsoon）之英文字源於阿拉伯文，為季節之意，所以季風是隨季節出現並改變風向的風。季風的水平尺度在 20～200 km，為區域性的中尺度風場。

季風環流（monsoon circulation）是表徵一個地區因季節性的盛行風方向反轉，所產生「夏溼多乾」的氣候，又以夏季大雨為特徵。季風以發生在南亞之規模最大，其次是非洲、澳大利亞及南美洲。

在南亞的印度大陸，夏季 ITCZ 北移進入印度內陸，如圖 11-8，地面氣溫較海面高，地面是低壓，來自印度洋暖溼的西南向岸風吹入內陸，受丘陵、高山的阻擋，在迎風面降下大雨，而高空風由陸地吹向海洋，形成夏季季風（summer monsoon），是雨季（6～9 月）。印度的乞拉朋齊（Cherrapunji）年平均降雨量達到 10,818 毫米（也受地形雨的影響），個別年分甚至超過 2 萬毫米，為世界降雨之冠。

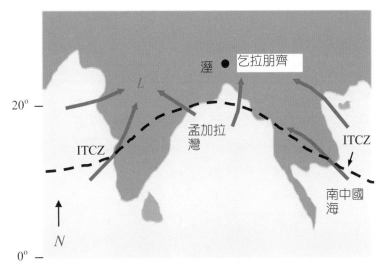

圖 11-8　南亞的夏季季風

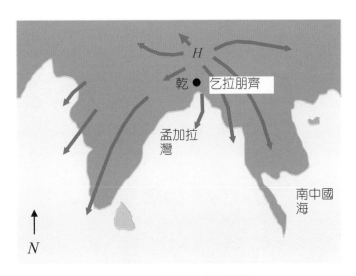

圖 11-9　南亞的冬季季風

　　如圖 11-9，冬季地面氣溫較海面低，地面是高壓，從喜馬拉雅山脈的南麓穿越印度大陸的離岸風吹入孟加拉灣（Bay of Bengal），高空風則由海上吹向陸地，形成冬季季風（winter monsoon），雨量少，是乾季（11～2 月）。

　　綜上所述，季風主要受到冬、夏二季海陸溫差轉換，以及 ITCZ 遷移的影響，但時空尺度皆遠大於前節所述的海風及陸風。而夏季南亞大陸在迎風面受地形抬升的影響，更加重其雨勢和規模。

11.3 沙漠風

　　沙漠為一廣大空曠的地區，由於日照強烈，地面溫度極高，白天溫度可達 55℃，因此為過絕熱直減率，垂直對流旺盛，易產生強風。

　　在北非的撒哈拉沙漠（Sahara desert），於春、秋兩季常由沙漠吹向地中海的沙漠風（desert winds），視地區及風之路徑而有不同的名稱，如 Leste、Leveche、Sirocco、Khamsin、Sharav 等（Ahrens, 2012），如圖 11-10。

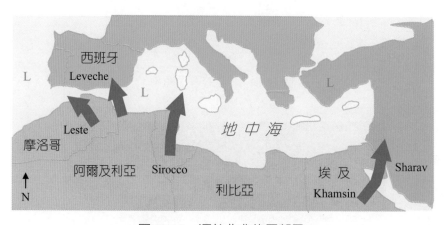

圖 11-10　源於北非的局部風

11.4 沙塵暴

　　暴風雨或移動性氣旋亦會造成較大規模的沙漠風，此時由於風速強，會造成塵暴（duststorm）或沙暴（sandstorm），泛稱沙塵暴。非洲沙漠的哈布風（haboob），由於溫度高，雨在離開雲層不久即被蒸發，因此形成含沙的烏雲。在蘇丹中、北部、澳大利亞內陸及美國南部沙漠亦會發生（圖 11-11）。通常將小於 60 mm 的沙粒稱為塵，而 60～2000 mm 者為沙。塵可以被風帶到高空，飄移甚遠；沙則侷限在低空，影響範圍較小。

圖 11-11　澳大利亞沙漠的沙塵暴（http://media.bom.gov.au/social/upload/images/Dust%20storm）

　　近年來，新疆、蒙古沙漠不時會發生沙塵暴，在適當的氣象條件下，例如地面強風 > 30 m/s、大氣不穩定等，可將 3〜5 mm 的細沙塵吹送至 1〜2 km 以上的自由大氣，在西風吹送下，可長程傳送到日本、韓國，甚至遠到美洲。

　　若北風或東北季風強盛，大陸沙塵暴可向南傳送到臺灣，所需時間約 2〜3 天，造成臺灣北部空氣中細懸浮微粒濃度急速上升。當沙塵規模大時，甚至影響臺灣的中、南部地區。根據研究指出自 1994 年至 2001 年間，大陸沙塵暴影響臺灣地區空氣品質的個案至少有 23 個，平均一年約有 7 天，又以北部地區最多；發生時節多在 1 至 5 月間，又以 3 至 4 月最為頻繁（張泉湧，2019）。

思考 • 練習十一

1. 造成熱環流的主要因素為何？
2. 下列何者屬熱環流：

　　海風、谷風、焚風、沙塵暴、下坡風、季風
3. 下列何者易產生雲：

　　山風、谷風、向岸風、離岸風
4. 簡述造成焚風現象的原因。

5. 簡述造成季風環流的原因。

6. 南亞的季風環流主要造成何種災害？通常發生在何時？

氣團、鋒面及東亞沿岸概況

　　每天我們可以從氣象網站上看到衛星雲圖或綜觀地面天氣圖，在不同時間呈現出不同的雲貌、風場及降雨等訊息，這些都與主控當時天氣狀況的氣團及鋒面有關。本章將檢視氣團及鋒面形成原因和演變過程，並概述對東亞大陸沿岸天氣的影響。

12.1　氣團

12.1.1　氣團的形成

　　若廣闊的大陸或海洋其性質如溫度、溼度、密度相當的均勻，則在其上方長期停留或緩慢移動的空氣受其影響，如吸收地表熱、亂流和對流的混合、蒸發和凝結等作用，致使其水平方向的特性也相當相似，此種在廣大水平方向上，均勻的空氣就叫作氣團（air mass）。

12.1.2　氣團的分類、分布和特徵

　　氣團依其源地（source region）來分類，而源地通常應是平坦、均質及微風，方能使氣團發展出均勻的特徵。

　　依源地的溫度，氣團分為極地（P/polar）及熱帶（T/tropical）兩類，再依水氣分為陸地（c/continental）及海洋（m/maritime），故有 4 類氣團：極地大陸氣團（cP/continental polar）、極地海洋氣團（mP/maritime polar）、熱帶大陸氣團（cT/continental tropical）、熱帶海洋氣團（mT/maritime tropical）。然而在兩極，由於氣溫酷寒，水體或陸地終年冰封，因此視為北極氣團（arctic air mass）或南極氣團（antarctic air mass），因此全球共有 6 個基本氣團，分布概況示於圖 12-1。

　　氣團滯留源地的時間愈長，或是移動的距離愈長，愈有可能獲得下墊面（underlying surface，大氣邊界層和地表的接觸面）的性質。氣團的水平範圍可達幾百公里到幾千公里，垂直活動範圍主要是在大氣邊界層。高氣壓風速弱，大氣穩定，因此是氣團的理想源地，包括冬天被冰雪覆蓋的北極平原，以及夏天的熱帶海洋。中緯度地區的溫溼度變化很大，因此不是理想的源地。相反的，中緯度地區是各種不同氣團進入、撞擊及有多樣天氣變化的過渡帶。

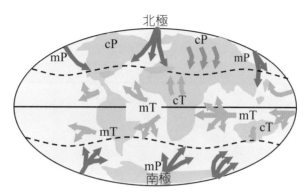

圖 12-1　全球氣團的源地分布概況

在熱帶大陸上，氣團屬性熱、乾燥，通常低空不穩定、上空穩定。在熱帶海洋上，氣團屬性暖、溼，通常不穩定。在極地大陸上，氣團屬性冷、乾燥、穩定；在極地海洋上，氣團屬性涼、溼，不穩定。

12.1.3　暖氣團

暖氣團（warm air mass）是在溫暖的下墊面（如熱帶海洋）形成的，因低空不穩定，常有亂流及對流混合層。當冷氣團來到並停留在暖的下墊面，因激烈亂流很快就形成對流混合層，通常幾天就可以形成暖氣團。

12.1.4　冷氣團

當空氣來到冷的下墊面（如北極冰面），底層空氣經傳導快速冷卻，以致亂流快速減弱，在邊界層形成穩定的冷氣團（cold air mass），並減少對流冷卻的作用。

12.1.5　氣團的變性

如圖 12-2，氣團離開源地後，運行在新的下墊面上，與地表、湖泊或海洋不斷進行熱量和水氣的交換，而改變原有冷、熱、乾、溼的屬性，這就是氣團的變性。例如，潮溼的海洋性氣團進入陸地或越過山脈後，變得較乾燥。

季節也會影響氣團的屬性。圖 12-3 為多、夏兩季發源於同一極地大陸性氣團（cP）的典型垂直溫度剖面。夏季地面溫度高，有不穩定的對流雲，午後常有雷陣雨。多季受冷

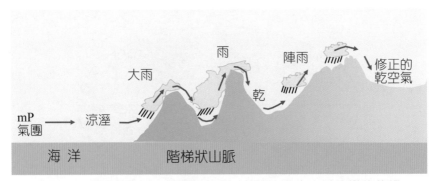

圖 12-2　溼的極地海洋氣團（mP）在越過幾座山脈後變的乾燥

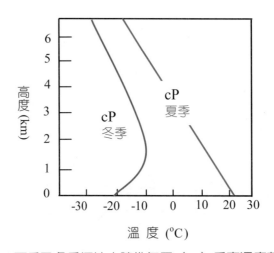

圖 12-3　夏季及冬季極地大陸性氣團（cP）垂直溫度剖面比較

高壓影響，地面與上空溫差較小，或近地面逆溫，大氣相對穩定。

　　天氣的狀況通常和當時天空中的氣團有關，在某一地區，氣團可能會停留一段時間，形成穩定的天氣。至於變化最多的暴風型天氣，大都發生在冷、暖氣團交會的鋒面。

12.2　鋒面

12.2.1　概述

　　鋒面或鋒（front）是一個過渡區，將密度差異很大的氣團分在兩側，而密度的差異主

要是溫差所造成。當冷暖氣團相遇時，二者不會直接混合，而是較重的冷空氣潛入較輕的暖空氣下面，暖空氣則沿鋒面上升，如圖 12-4a-c。上升的空氣溫度下降，水氣凝結成積雲、積雨雲，可能降水。鋒面與地面相交處稱地面鋒，由於受科氏力作用，鋒面無法水平，恆成傾斜（圖 12-4d）。

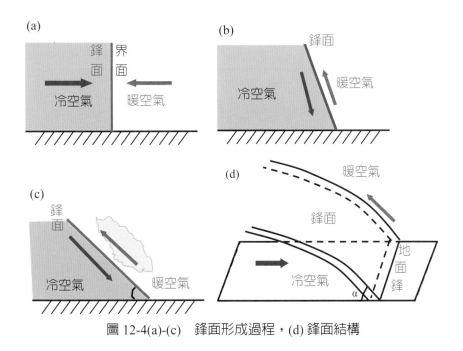

圖 12-4(a)-(c)　鋒面形成過程，(d) 鋒面結構

　　視冷暖、氣團的強弱，而有四個基本鋒面：滯留鋒、暖鋒、冷鋒及囚錮鋒，天氣符號如下（見附錄 3「天氣符號」）：

　　此四個鋒面具有許多共通的特徵，例如，地面風基本上平行於地面鋒，唯兩側的風向相反，以及鋒面是低壓槽。此外，暖空氣上滑（overrunning），且鋒面由地面朝後傾斜於冷空氣的上方（圖 12-4d），雲系主要在冷氣團的上方，分述於下（Ahrens, 2012; Moran et al., 2013）。

12.2.2 滯留鋒

當冷暖氣團相遇且強度相當，鋒面難以移動，形成滯留鋒（stationary front），如圖 12-5。滯留鋒可延伸數百至數千公里，高度可數公里至 10 公里（近對流層頂）。鋒面上方會形成雲系，有時有雨，唯雨勢通常不大。若有雨、雪，多是降在滯留鋒的冷空氣那一側。

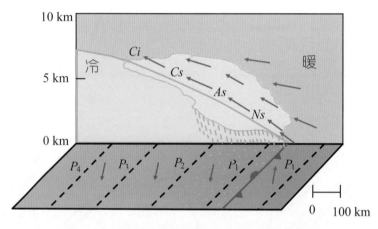

圖 12-5　滯留鋒的地面風基本上平行於鋒面

12.2.3 暖鋒

若滯留鋒開始移動，且是暖空氣前進，冷空氣後退，鋒面的特性改變，而變成暖鋒（warm front），雲系在冷氣團上方，如圖 12-6(a)-(b)。

大體而言，暖鋒的特徵和滯留鋒相似。兩者主要差異可從圖 12-5 及圖 12-6 看出，其一，暖鋒於地面的坡度變小，這是因摩擦力阻礙了鋒面；其二，冷空氣向後退；其三，暖空氣上滑並向前移動。由於暖空氣在冷空氣上方，因此跨越鋒面出現逆溫，稱作鋒面逆溫（frontal inversion），如圖 12-6b，粉色為降水區。

暖鋒橫越陸地時，雲系陸續發展，經過一段距離後，雲層慢慢變低變厚，最高最遠處是卷雲（Ci），之後依序是卷層雲（Cs）、高層雲（As）、雨層雲（Ns）、層雲（St）。卷雲非常的高，且遠在地面鋒之前，有時超過 1000 公里。因此，某地上方出現卷雲，通

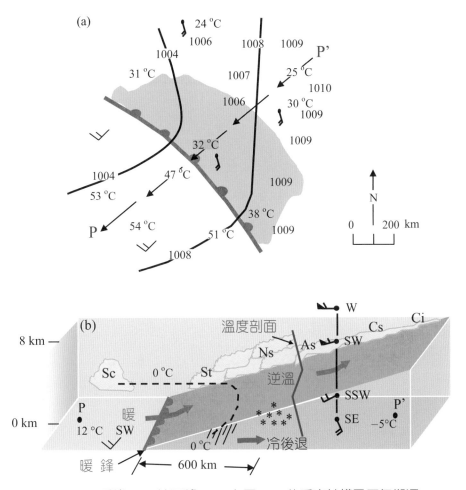

圖 12-6　暖鋒：(a) 地面鋒，(b) 上圖 P-P' 的垂直結構及天氣概況

常是低氣壓即將接近時的第一個徵兆。卷雲出現後不久，天空出現卷層雲，氣壓開始下降，風勢也逐漸增強。當暖鋒尾部接近時，高層雲、雨層雲相繼出現，烏雲密布，開始下雨或下雪，可持續幾個小時。

　　暖鋒未來前，溫度低；通過時，溫度驟升，氣壓下降；離開後，氣壓回升，溫度回降。

12.2.4　冷鋒

　　若滯留鋒開始移動，且是冷空氣前進，替換暖空氣，即是冷鋒（cold front），如圖

12-7(a)-(b)，粉色爲降水區。雖然摩擦力減少暖鋒於地面的坡度，但暖鋒的冷、暖空氣均與地面鋒朝同一方向移動，而冷鋒的冷空氣吹向並上推暖鋒，以致地面鋒前端的坡度變鈍，因此冷鋒坡度（1:50 至 1:100）比暖鋒坡度（1:150 至 1:200）陡，速度也較快。

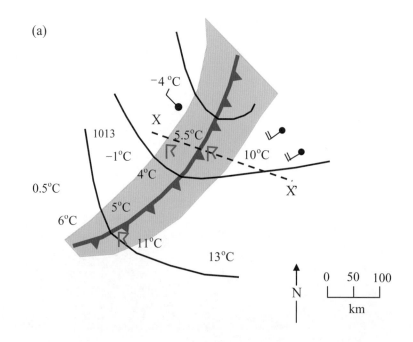

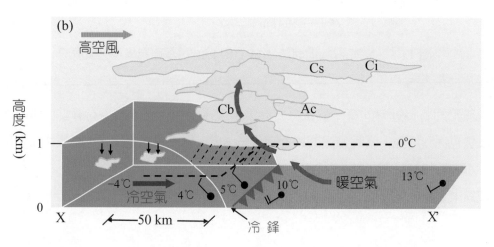

圖 12-7　冷鋒：(a) 地面鋒，(b) 上圖 *X-X'* 的垂直結構及天氣概況

高空風由冷空氣吹向暖空氣，因此在地面鋒前方有高積雲（Ac），下風處有卷層雲（Cs）及卷雲（Ci）的雲系。若大氣極不穩定，積雨雲（Cb）及激烈雷雨主要發生在地面鋒的後上方。不同於暖鋒雲系，積狀雲是冷鋒的特色。

冷鋒未來前，溫度正常；通過時，溫度、氣壓下降；離開時，溫度、氣壓回升。

12.2.5　囚錮鋒

暖鋒過後，天氣回穩，雨層雲消失，天空或有層雲、層積雲出現，但明亮許多。但是暖鋒的後方通常跟著另一道冷鋒，而冷鋒移動的速度一般是暖鋒的二倍，最後冷鋒追上暖鋒，形成囚錮鋒（occluded front）。亦即，囚錮鋒是由兩條移動的鋒合併而成；又依冷鋒後方與暖鋒前方溫度之高低，分成冷型及暖型二種囚錮鋒。

1. 冷囚錮鋒

若冷鋒後方空氣的溫度低於暖鋒前方冷空氣的溫度，是冷囚錮鋒（cold occluded front），地面鋒如圖 12-8(a)，粉色為降水區。因冷鋒以較快的速度接近暖鋒（圖 12-8b），追上時即開始囚錮（圖 12-8c）。之後冷鋒邊前進邊抬起暖鋒脫離地面（圖 12-8d）。

冷囚錮鋒基本上是冷、暖兩個鋒面的合併，因此雲系及降水類似冷鋒及暖鋒的特徵。冷囚錮鋒是中緯度地區較常出現的型式，例如在冬天，中國北方陸地氣溫常低於同緯度的海面溫度（圖 12-9 上），而在東方海域有一個冷囚錮鋒（圖 12-9 下）。

2. 暖囚錮鋒

若暖鋒前方空氣的溫度低於冷鋒後方空氣的溫度，則為暖囚錮鋒（warm occluded front）。圖 12-10（上）為地面鋒的結構，圖 12-10（中）顯示涼的冷鋒以較快的速度接近暖鋒。然而當冷鋒追上並超越暖鋒時，暖鋒前方較重的冷空氣只得滑入涼空氣之下，因而涼的冷鋒騎在斜的暖鋒之上，如圖 12-10（下）。

綜上所述，囚錮鋒是由兩條移動的鋒合併而成，保有原來鋒面的雲系和天氣特徵。兩者主要差異為高空鋒面的位置，暖囚錮鋒之高空冷鋒面位於地面囚錮鋒之前，冷囚錮鋒之高空暖鋒面位於地面囚錮鋒之後。這是因為冷空氣較涼空氣重，潛入涼空氣之下造成的。

在北半球，呈楔形之暖氣團皆在偏南的方向，其北側大部分由冷空氣主控，如圖 12-11。若暖氣團西側的冷空氣較東側的冷空氣溫度低，則為冷囚錮鋒；反之，則為暖囚錮鋒。

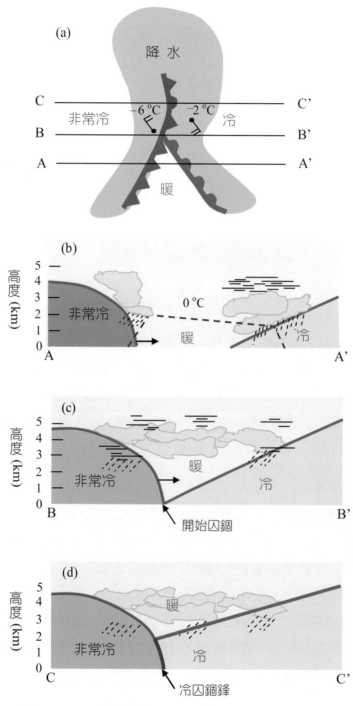

圖 12-8　(a) 冷囚錮鋒，(b)-(d) 在不同位置的垂直結構

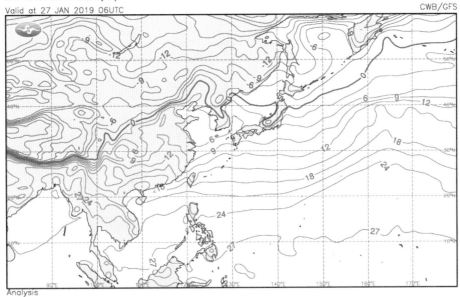

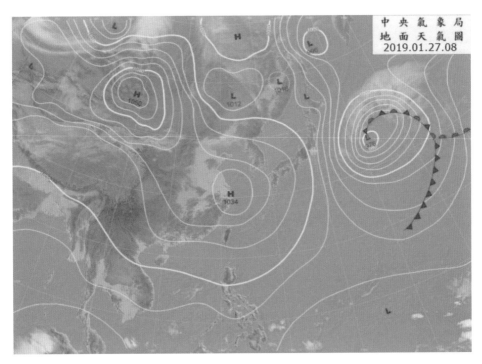

圖 12-9　（上）2019.01.27.06 東亞海面上 2 公尺的氣溫，（下）綜觀地面天氣圖，東方海面有一道冷囚錮鋒（摘自：中央氣象局網站）

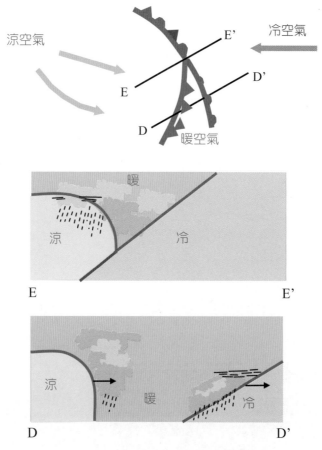

圖 12-10　暖囚錮鋒的地面及垂直結構

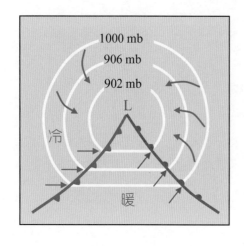

圖 12-11　中緯度囚錮鋒的代表型態

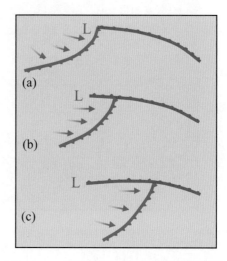

圖 12-12　冷鋒面沿著暖鋒面向東移動

　　有時因錮後，冷鋒面沿著暖鋒面向東移動，如圖 12-12 及圖 12-13（Aguado and Burt, 2015）。

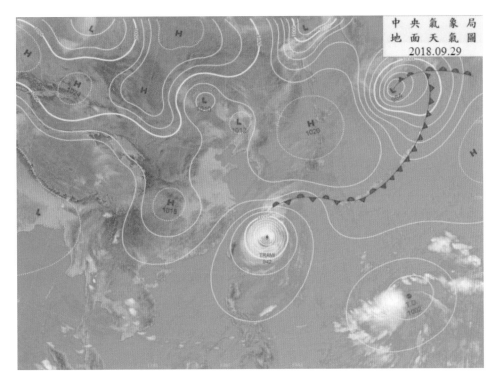

圖 12-13　冷鋒面沿著暖鋒面向東移動（摘自：中央氣象局網站）

12.3　東亞沿岸的氣團及鋒面

　　影響東亞沿海地區包括中國大陸東南部、臺灣，以及韓國、日本（不含北海道）天氣的變化主要有 5 個氣團：西伯利亞氣團、華中氣團、鄂霍次克海氣團、西太平洋氣團及熱帶氣團，如圖 12-14，概述於後。

　　西伯利亞氣團（冷、乾）源於北極圈，為一冷高壓，秋天時開始發展，冬天最強盛，並向南移，至冬末、春初再向北衰退。

　　華中氣團（涼、乾）或是西伯利亞或蒙古冷高壓南下分裂出來的副系統，或是在華中一帶生成的氣團，在西風的吹送下常向東移出影響東亞的天氣。

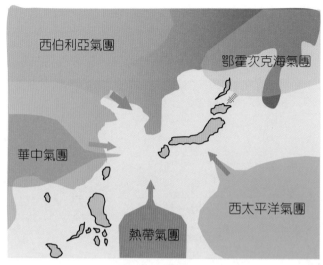

圖 12-14 影響東亞沿岸氣候的氣團分布

鄂霍次克海氣團（冷、溼）為一海洋極地氣團，每年 5 月中旬至 6 月下旬期間與大陸氣團連接，並與北上的太平洋氣團相遇，勢均力敵，形成滯留鋒，造成東亞及華南地區的梅雨期（見 12.5 節）。

熱帶氣團（熱、溼），源於赤道附近的海域，在夏季海水溫度升高，大量水氣蒸發匯聚成熱帶低氣壓雲系或颱風，在東北信風吹送下，侵襲東亞地區。

太平洋氣團（暖、溼）在太平洋東側，為一暖高壓，夏天高壓中心在 25°～30°N 附近，冬天北移到 30°～40°N 範圍，屬半永久性高壓氣團。夏季時太平洋高壓向西延伸而影響到東亞，此時臺灣天氣悶熱、潮溼、盛行東南風，為典型的夏季氣候。

圖 12-15 為中國大陸沿海地區易形成由西南向東北延伸的鋒面。

12.4 移動性高氣壓及週期性天氣變化

高氣壓可分成滯留型和移動型，前者如太平洋高壓及百慕達高壓，可使天氣趨於穩定，以晴朗為主，而移動性高氣壓則易使天氣產生變化。

東亞大陸上的移動性高氣壓在同一地區停留一般不會超過三天，在高空西風的吹送下

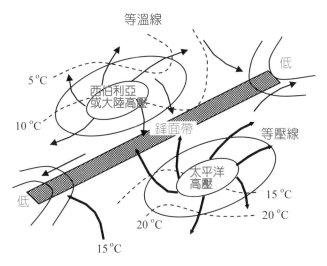

圖 12-15　中國大陸沿海地區一年中的氣壓場大略配置

向東移出，主要發生在春季或秋季，其移動路徑大致可分 A、B、C、D 四條，概述如下（圖 12-16）。

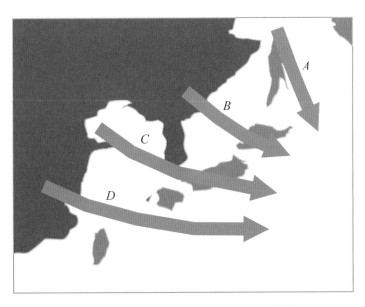

圖 12-16　大陸移動性高氣壓行進路線

A. 由鄂霍次克海緩慢向南移動的冷高壓與大陸性高氣壓相互連結，並與北上的太平洋高壓氣團相遇，兩者勢均力敵，形成滯留鋒，即所謂的梅雨鋒面（見第 12.5 節）。

B. 從大陸向日本北部的高氣壓中心通過的地方，都是好天氣，而日本的關東以西地區，則為陰雨的天氣。由於這個高氣壓不強，臺灣並不受其影響，而是受太平洋高氣壓的影響，天氣大致良好。

C. 通過日本南部的高氣壓，由於這個高氣壓偏南，臺灣恰好在其邊緣，而雲量較多，如圖 12-17（橙色）。

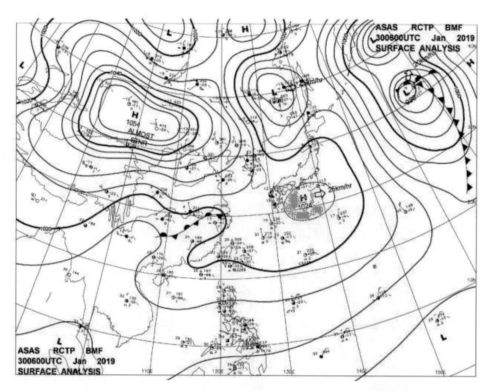

圖 12-17　通過日本南部的移動性高氣壓（摘自：中央氣象局網站）

D. 通過東海的高氣壓，臺灣因接近該高氣壓中心，全臺都是好天氣，但早晚氣溫稍低，如圖 12-18（黃色）。但臺灣東部的宜蘭、花蓮、臺東，在迎風面受山脈抬升影響，有短暫陰雨天氣。

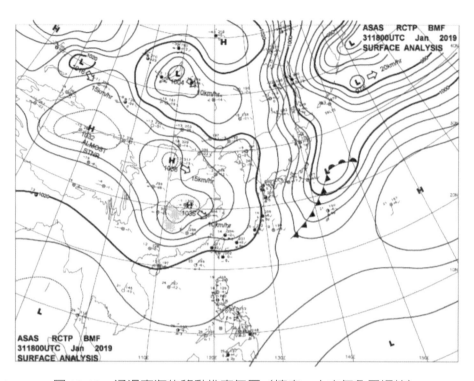

圖 12-18　通過東海的移動性高氣壓（摘自：中央氣象局網站）

　　圖 12-19 顯示，在移動性高氣壓的東方是晴天，西方因低氣壓正在接近為陰雨天。高壓中心偏北通過的地方（A 地）仍為好天氣，中心偏南通過的地方（B 地）有短暫晴天，爾後有一個低壓槽跟進而變為陰雨天氣。因此在移動性高氣壓頻繁發生的春季或秋季常有週期性的天氣變化，也就是晴天、陰天、雨天，之後再放晴，如此一個週期約 5～7 天。

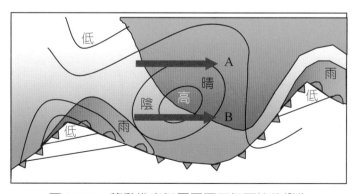

圖 12-19　移動性高氣壓周圍天氣可能的變化

以上所述的各種鋒面是更大系統──中緯度氣旋的一部分，將敘於第十三章。

12.5　梅雨

「梅雨」之名在中國流傳已久，遠在漢朝時，侍郎崔實所撰《農家諺》一書中即有「黃梅雨未過，多青花未破」一說，因而也稱爲「黃梅雨」。

梅雨主要發生在春末（5 月）夏初（6 月）季節交替之時，此時大陸冷氣團強度漸漸減弱，影響範圍也逐步北退，而太平洋高壓則逐漸增強，並向西伸展，另從南海及孟加拉灣北上的暖溼西南氣流也變得活躍，逐漸影響東亞地區，且與北方南下的大陸冷氣團交會。由於冷暖氣團勢力相當，常在臺灣及華南一帶僵持不下，因而形成近似滯留的鋒面，即爲梅雨鋒面，影響範圍包括臺灣、華南、華中、華北到日本、韓國等地，如圖 12-20，它可以說是東亞沿海地區特有的天氣現象。由於鋒面帶上常有低氣壓擾動，並伴隨著雷雨胞，加上海上提供了充足的水氣，所以特別容易產生連日陰雨的天氣，甚至出現豪大雨。

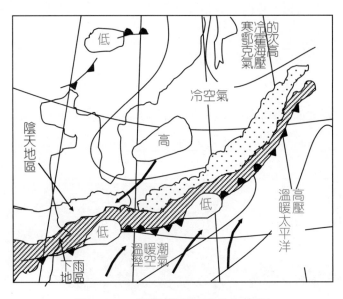

圖 12-20　梅雨鋒面氣壓分布概況

臺灣出現梅雨的時間約在 5、6 月間，等到 6 月中、下旬，太平洋副熱帶高壓持續增

強，大陸冷高壓不斷減弱，一消一長之下，梅雨鋒面便往北移到長江流域附近，比華中、華南地區早了約一個月，因而亦稱是長江梅雨的「前汛期」。

　　臺灣梅雨期的平均降雨量為 450～500 公釐，約占全年總降雨量的五分之一，對於臺灣水資源的貢獻相當重要，也是僅次於颱風的第二大水源。由於梅雨鋒面時常有劇烈的對流系統伴隨而來，也因此常有異常的天氣出現，舉凡冰雹、龍捲風等，均曾於梅雨季發生，圖 12-21 是 2019.06.10 梅雨鋒面及地面天氣圖。

　　臺灣在梅雨結束後，即進入了炎熱的夏季。但是梅雨期每年或長或短，有時甚至完全沒有（又稱空梅），有時可能延至 7 月。

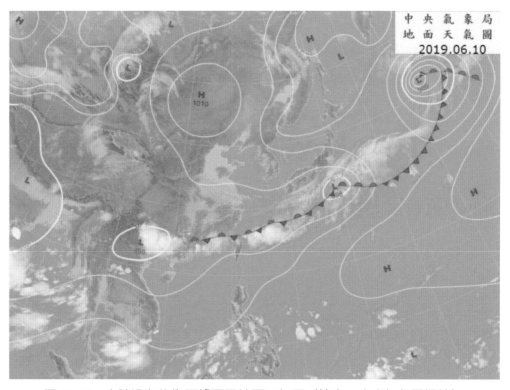

圖 12-21　大陸沿海的梅雨鋒面及地面天氣圖（摘自：中央氣象局網站）

思考 • 練習十二

  1. 理想的氣團源地有哪些特質？舉例之。

  2. 氣團分類的要素爲何？

  3. 極地氣團和熱帶氣團在屬性上之主要差異爲何？

  4. 同一源地的氣團，其屬性是否會受季節的影響。

  5. 當天空出現卷雲時，可能是什麼徵兆？

  6. 何以冷鋒的坡度較暖鋒陡？

  7. 暖鋒及冷鋒在雲系上最大的不同處爲何？

  8. 當氣壓持續上升，顯示天氣將如何變化？

  9. 囚錮鋒有幾道鋒面？有幾條地面鋒？

10. 試分別列出夏季及冬季影響東亞的氣團。

11. 大陸沿海鋒面主要以何種方式配置？

12. 某地週期性天氣變化，主要是何因素造成的？

13. 東北風盛行時，宜蘭、基隆、花蓮多陰雨，簡述原因。

14. 簡述東亞梅雨發生的時節及成因。

15. 臺灣的水資源主要是來自哪幾種天氣情況？

第13章 中緯度氣旋

　　當冷氣團與暖氣團相遇時，會形成鋒面，隨後演變成氣旋，往後天氣的好壞，端視氣旋如何發展而定。本章將探討發源於中緯度或高緯度地區的氣旋，圖 13-1 是 2019 年 5 月 7 日侵襲英國的氣旋風暴。

圖 13-1　侵襲英國氣旋風暴的衛星影像（摘自：NASA 網站）

13.1　極鋒理論

　　中緯度氣旋（mid-latitude cyclone）又稱溫帶氣旋（extratropical cyclone），或是中緯度氣旋風暴（mid-latitude cyclonic storm），一般以極鋒理論（polar front theory）來說明它的生命期，這是第一次世界大戰（1914～1918）之後挪威氣象學家畢雅可尼（Vilhelm Bjerknes）及其研究群所提出的，奠定了對氣旋風暴發展的基石。這個理論最早是闡述在 60°N 附近的極鋒形成氣旋的過程，起初是旋生（cyclogenesis），隨後進入成熟及衰退階段。

　　圖 13-2 是北半球典型中緯度氣旋的生命期，在圖 13-2(b)*L* 旁的小箭頭是風暴移動的方向，綠色是降水區，分述於後（Ahrens, 2012）。

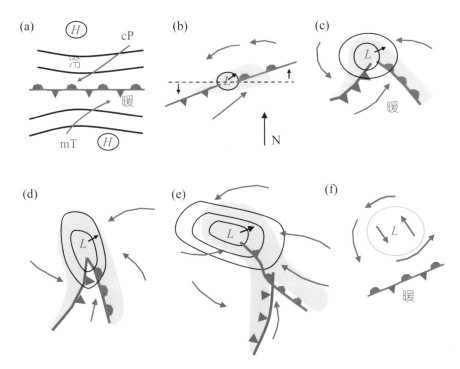

圖 13-2　北半球中緯度氣旋的生命期（綠色為降水區）

1. 旋生

　　起初，極鋒是一個滯留鋒面，北邊是向東移動的冷氣團，南邊是向西移動的暖氣團（圖 13-2a）。當滯留鋒受擾動形成波狀的紐結（kink），旋生開始，作逆時針旋轉，低壓中心即在紐結上（圖 13-2b），是冷、暖鋒面的連接點，因尚未囚錮，是個開放波（open wave）。之後，北方的冷氣團朝南推動南方的暖氣團，同時南方的暖氣團向北移動，中緯度氣旋隨即成形。隨著強度的增強，低壓加深，朝東南前進的冷氣團楔入暖氣團的下方，同時朝東北前進的暖氣團上滑到冷氣團的上方，並在地面鋒前後方產生雲帶及降水（圖 13-2c）。

　　此時風暴能量持續增強的主要原因是，在暖氣團上移及冷氣團下降的過程中，位能轉成動能；其次，凝結過程釋出的潛熱，以及地面氣流輻合使動能增加等。

2. 成熟

當風暴朝東南繼續前進，冷鋒移動速度較快，追上暖鋒，開始囚錮，此時水平溫差梯度最大，氣旋達到最強階段，雲帶、降水強度及範圍擴大（圖 13-2d）。

3. 衰退

氣旋囚錮後，暖氣團繼續沿鋒面上滑而脫離地面，此時風暴中心因被冷空氣包圍，水平溫差變小，強度減弱（圖 13-2e）。而暖氣團漸漸離開風暴中心，不再提供水氣和能量，風暴中心氣壓漸漸升高，終至消散（圖 13-2f）。

氣旋的生命期可持續數日至一星期以上。氣旋填塞先從地面開始，地面氣旋消失後，高空氣旋還能維持一段時間。如果沒有新的冷空氣補充，高空氣旋也逐漸消失（另見第 13.3 節）。

13.2　壓力系統的空間結構

氣壓隨高度的升高而降低，但氣壓隨高度降低的快慢與溫度的高低有關，此可由（1-1）靜壓式得知：

$$\frac{dP}{dz} = -\rho g z \quad \Rightarrow \quad \left| \frac{dP}{dz} \right|_{暖} < \left| \frac{dP}{dz} \right|_{冷} \quad （相同高度）$$

這是因為暖空氣密度較冷空氣密度輕的緣故。故在同一水平高度，暖空氣的氣壓隨高度升高而減少的輻度比冷空氣慢。因此，高空氣壓場的配置，取決於溫壓場的配置。常見的氣壓空間結構可歸納為：(1) 深對稱的冷低壓和暖高壓，(2) 淺對稱的冷高壓和暖低壓，及 (3) 溫壓場不對稱的氣壓系統三類，分述如下。

1. 深對稱的冷心低壓和暖心高壓

圖 13-3a 為一冷心低壓（cold-core low），簡稱冷低壓，其氣壓中心與溫度中心在同一條垂直線上且呈對稱。由於中心溫度低，所以中心的氣壓隨高度升高而降低的輻度較之四周氣壓降低的快。因此愈到高空，中心壓力愈較周圍壓力低，即低壓增強，因此為一個深低壓（deep low），中緯度氣旋即是深低壓。

同理，深對稱的暖心高壓（warm-core high，簡稱暖高壓）由於中心溫度高，所以中心的氣壓隨高度升高而降低的輻度較之四周氣壓降低的慢；因此，愈到高空，高壓愈強（圖 13-3b），爲一深高壓（deep high），太平洋高壓及中緯度反氣旋即是深高壓。

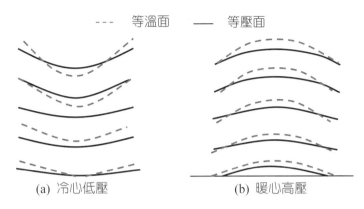

圖 13-3　深對稱壓力系統：(a) 冷心低壓；(b) 暖心高壓

2. 淺對稱的冷心高壓和暖心低壓

冷心與高壓中心在同一條垂直線上且對稱的系統，稱冷心高壓（cold-core high），簡稱冷高壓。由於冷中心溫度低，所以中心氣壓隨高度升高而降低的輻度較四周氣壓降低的快，因此到高空已變成低氣壓（圖 13-4a），西伯利亞高壓就是一個冷心高壓。

當暖心與低壓中心在同一條垂直線上且對稱的系統，稱爲暖心低壓（warm-core low），簡稱暖低壓。由於中心溫度高，所以低壓中心的氣壓隨高度升高而降低的輻度較之四周降低的慢，因此到高空已變成高氣壓了（圖 13-4b），颱風即是一例。

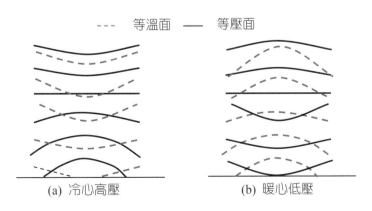

圖 13-4　淺對稱壓力系統：(a) 冷心高壓；(b) 暖心低壓

　　熱低壓亦為暖心低壓，一般在夏天的沙漠發生。印度夏天雨季的低壓亦為暖低壓，其強度隨高度而減弱，在地面天氣圖上通常只能看到一、二條封閉的低壓。

3. 不對稱的溫壓場

　　氣壓場中心與溫度場中心不重合的系統，為不對稱系統。由於靠近暖區的氣壓隨高度升高而降低的輻度比冷區慢，所以暖高壓中心愈到高空愈向暖區靠近，即脊線向暖區傾斜，呈「東冷西暖」的型態（圖13-5左）。同理，在冷低壓的槽線向冷區傾斜，呈「東暖西冷」的型態（圖13-5右）。因此，不對稱高、低壓系統的軸線總是向西傾斜。

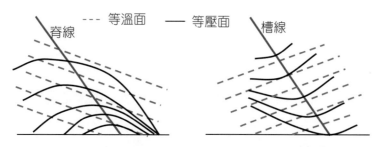

圖 13-5　不對稱系統：（左）暖高壓－「東冷西暖」，（右）冷低壓－「東暖西冷」

　　由於不對稱系統的氣壓一般呈槽、脊形勢，所以在地面圖上是閉合的高、低氣壓。但在高空等壓面圖上（如 500 mb），往往呈現非閉合的高壓脊和低壓槽，即高空氣壓與溫度呈波狀型態。

13.3　溫壓場配置對氣旋與反氣旋發展的影響

　　溫壓場的空間配置，會影響中緯度氣旋與反氣旋往後的發展。圖13-6為一個對稱深低壓（左）及一個對稱深高壓（右），高空風平行於等高線，地面風則穿過等壓線。地面低壓因空氣不斷流入、填塞，使氣壓回升，最後地面氣旋消失。同樣的，地面高壓空氣不斷流出，而壓力下降，強度減弱，最後地面反氣旋也消失。因此，若高空與地面之高、低壓均在同一垂直線上，則地面氣旋與反氣旋在形成後，難以維持或隨即衰退。

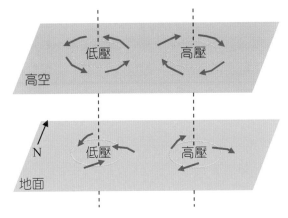

圖 13-6 （左）對稱深低壓，（右）對稱深高壓

　　圖 13-7 為一不對稱的冷低壓及暖高壓，低壓槽及高壓脊由地面往高空向西傾斜。此時高空輻合的氣流一部分水平前進，一部分向下流動，使地面反氣旋壓力升高。同樣的，高空輻散的氣流除繼續水平行進外，同時因地面低壓補充上升氣流，使地面氣旋壓力不斷下降。如此經由地面與高空的交互作用，地面反氣旋（高壓）與氣旋（低壓）的強度得以持續增強。

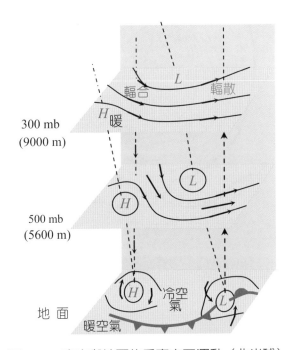

圖 13-7 高空與地面的垂直交互運動（北半球）

　　綜上所述，在一不對稱的系統中，若高空輻散量強過地面輻合量，則地面氣壓持續下降。同理，若地面輻散出的空氣，可由高空輻合不斷流入，且後者大於前者，則地面高壓持續增強。如此，氣旋與反氣旋得以維持、發展；反之，則難以維持、發展。

13.4　高空長波及高空氣流的角色

　　雖然畢雅可尼（Bjerknen）的研究群未能說明旋生的原因，但他們觀察到旋生通常發生在溫差很大的地方，或是山脈裂開了正常的氣流，而高空長波或噴流也是擾動的來源。

　　高空長波亦稱作行星波（planetary wave）或羅斯比波（Rossby wave）。自北極鳥瞰，在 500 mb 上的等高線有 3～6 個長波，波長約 3,000～6,000 公里，向東緩慢移動，如圖 13-8。

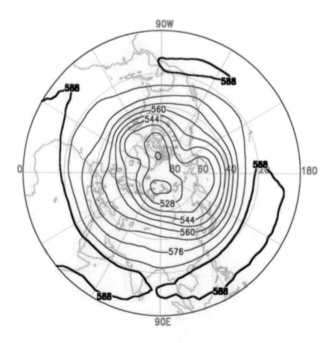

圖 13-8　北半球 2019.03～05 500 mb 的平均勢位高度（單位：10 公尺）（摘自：中國氣象局國家氣候中心網站）

　　高空長波常受地形的擾動，特別是高山脈，如洛磯山、西藏高原，而在背風處生成短

波。短波移動速度較長波快，當短波移入長波槽時，槽線加深，當短波接近長波脊時，振幅減少，且會產生溫度平流（temperature advection, TA）。有些擾動只產生些微的天氣變化，有些則會產生劇烈的天氣變化。正壓大氣（barotropic atmosphere）的等溫線和等高線平行，沒有溫度平流（圖 13-9），斜壓大氣（baroclinic atmosphere）的等溫線和等高線相交，會產生冷平流（cold advection）或暖平流（warm advection），如圖 13-10。

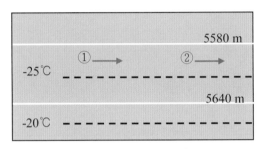

圖 13-9　正壓大氣：點①到點②無溫度平流

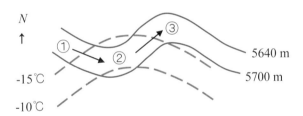

圖 13-10　斜壓大氣：冷平流（點①到點②），及暖平流（點②到點③）

　　在北半球，溫度由赤道向北極遞減，因此朝赤道（南）行進者為冷平流，朝北極（北）行進者為暖平流。例如，圖 13-11 為 700 hPa 的等高場及等溫場，在 50°N 有一條 0℃ 等溫線自西向東波狀蜿蜒，先是朝南繼朝北穿越 3120 m 等高線，作南北方向冷熱的傳輸。

　　假設在 500 mb 高空有一長波槽，正下方地面有一滯留鋒，且此時 500 mb 之等壓線平行此鋒面，如圖 13-12a（Ahrens, 2012）。若因故有一短波通過此區並擾動原來的風場，則會產生溫度平流，並可能引發斜壓不穩定（baroclinic instability）。首先，冷平流會使等壓線間距變小，在①點產生輻合，同時部分較重空氣下降，在地面形成反氣旋（圖 13-12b）。其次，暖平流會使等壓線間距變大，在②點產生輻散，同時部分較輕的空氣上升，而在地面造成氣旋。如此上下運動會在長波上產生短波擾動。若短波位在長波槽線之下風

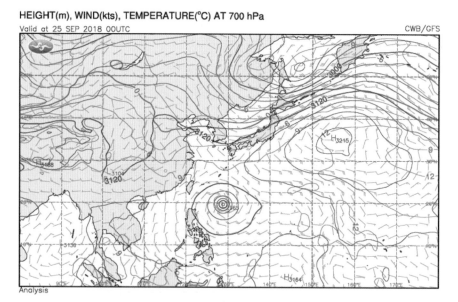

圖 13-11　700 hPa 等高場（藍）及等溫場（紅）（摘自：中央氣象局網站）

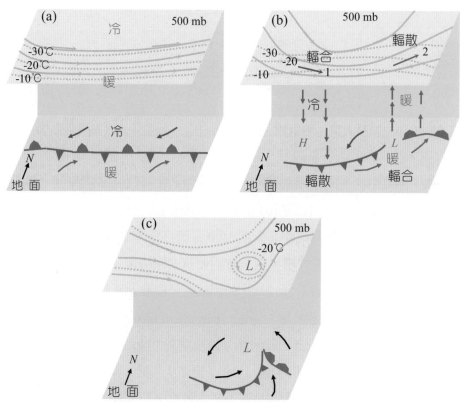

圖 13-12　斜壓不穩定產生氣旋：(a) 長波槽在地面滯留鋒正上方，(b) 輻合、輻散產生地面高、低氣壓，(c) 地面氣旋囚錮

處，則輻散及地面氣旋均會增強。之後，氣旋囚錮於高空，在無特殊情況下漸漸衰弱（圖 13-12c）。

　　圖 13-13 為一發展中中緯度氣旋的天氣概況示意，高空低壓槽在地面低壓的西方。在冷鋒邊緣有陣雨，冷鋒後方地面氣壓上升，是好天氣。在暖鋒後方雲量增加，在暖鋒的前方，地面氣壓下降，有下雨或降雪。因氣旋尚未囚錮，暖鋒前方的降水強度及範圍將持續擴大。

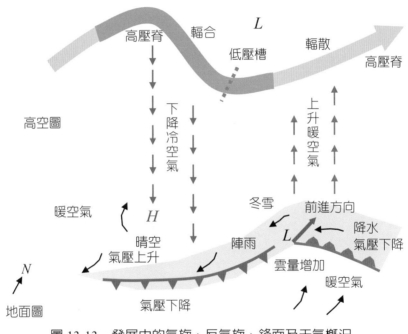

圖 13-13　發展中的氣旋、反氣旋、鋒面及天氣概況

　　氣旋是中緯度代表性的風暴，可強可弱，而高空氣流在維持氣旋與反氣旋的生成及發展上扮演很重要的角色。此種高空與低空氣流垂直交互作用的現象，於下節另以渦度原理說明。

13.5　渦度運動學的解說

本節以渦度運動學（kinematics of vorticity）及三個渦度守恆律闡釋幾個常見的氣流運

動方式及天氣現象。

13.5.1　氣流的相對渦度

氣流的絕對速度 $\vec{V}_a$ 可表示成：

$$\vec{V}_a = \vec{V}_e + \vec{V}_r \qquad (13\text{-}1)$$

上式中 $\vec{V}_e$ 爲地球表面的自轉速度，$\vec{V}_r$ 是氣流對地球表面的相對速度。

渦度（vorticity），$\vec{\omega}$，的定義是：

$$\vec{\omega} \equiv \text{curl } \vec{V} = \nabla \times \vec{V} \qquad (13\text{-}2)$$

由（13-1）及（13-2）式可得：

$$\vec{\omega}_a = \vec{\omega}_e + \vec{\omega}_r \qquad (13\text{-}3)$$

上式各項代表：

氣流絕對渦度 ＝ 地球渦度 ＋ 氣流相對渦度

若 $\vec{\Omega}$ 爲速度 $\vec{V}$ 的角速度，則可證得（Holton, 2012）：

$$\nabla \times \vec{V} = 2\vec{\Omega} \qquad (13\text{-}4)$$

亦即，渦度等於二倍的角速度。因此地球渦度在緯度 ϕ 的垂直分量爲：

$$\omega_e = 2\Omega \sin \phi = f \qquad (13\text{-}5)$$

上式中之 f 即是（8-12）式中的科氏參數。故由（13-3）式：

$$\omega_a = f + \omega_r \tag{13-6}$$

在北半球，地球渦度在赤道為 0，其他緯度為正值，最大值在北極；由於氣流相對渦度遠小於地球渦度，因此氣流絕對渦度恆是正值。在南半球，除赤道為 0 外，其他緯度的氣流絕對渦度是負值。

13.5.2　高低空氣流的垂直交互作用

在正壓大氣的大尺度運動中，有 3 個渦度守恆律，分敘於下（Holton, 2012）。

渦度守恆律 1：
$$\frac{d\omega_a}{dt} = \frac{d_h(f + \omega_r)}{dt} = -(f + \omega_r) \times \Delta_h \tag{13-7}$$

上式中下標 h 指水平微分：$\Delta_h = \nabla \cdot \vec{V}_h$。

由渦度守恆律 1 知，當氣流絕對渦度 ω_a 增加，則輻合（$\Delta_h < 0$），氣流減速；當氣流絕對渦度 ω_a 減少，則輻散（$\Delta_h > 0$），氣流加速，這個結果有助於了解高、低空氣流的交互作用。

當氣壓梯度力相同時，梯度風在高壓脊（H）的風速較快，在低壓槽（L）的風速較慢（第 8.3 節），亦即氣流在高壓中心的西側加速，造成輻散，在高壓中心的東側減速，造成輻合，如圖 13-14。

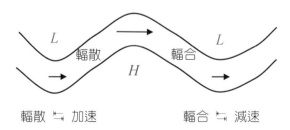

圖 13-14　當氣壓梯度力相同時，風速在高壓脊最快，在低壓槽最慢

　　高空輻散需有氣流補充，因而引發上升氣流，產生地面低壓（L）。高空輻合導致下沉氣流，因而產生地面高壓（H），如圖 13-15。這種因高空輻散所生成的低壓，稱為動力低壓（dynamic low），有別於由熱浮力產生的熱低壓。就是這種高低空的垂直交互作用，氣旋（地面低壓）及反氣旋（地面高壓）方得以維持和發展。

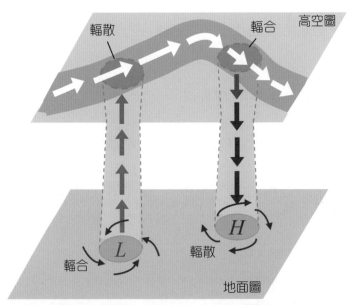

圖 13-15　輻散（反氣旋）及輻合（氣旋）引發高空風與地面風的垂直交互作用

13.5.3　背風低壓

渦度守恆律 2：　　　$\dfrac{d}{dt}\left(\dfrac{f+\omega_r}{Z_T}\right)=0$　　　　　　　　　　（13-8）

上式中 Z_T 為二等壓面的層厚，此定律等同角動量守恆律。

　　由渦度守恆律 2 知，當氣柱垂直伸展，Z_T 增加，為滿足（13-8）式，氣流的相對渦度 ω_r 亦增加，轉速變快；反之，當氣柱垂直收縮，Z_T 減少，氣流的相對渦度 ω_r 亦減少，轉速變慢，如圖 13-16。

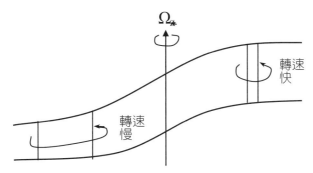

圖 13-16　氣柱伸展，相對渦度增加；氣柱收縮，相對渦度減少

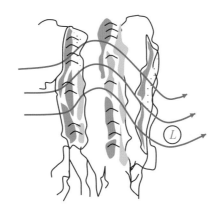

圖 13-17　橫越山脈的風，因氣柱的垂直厚度改變，產生背風低壓

　　因此當西風越過南北延伸的山脈時，如圖 13-17，先是在迎風面作逆時針攀升及拉伸（$\omega_r > 0$），氣流相對渦度增加；到了山頂，氣柱受壓縮，氣流相對渦度減少，並轉為順時針（$\omega_r < 0$）。到了背風面氣柱拉伸，遂以逆時針增加相對渦度（$\omega_r > 0$），於是在山脈的東邊生成低壓氣旋，即所謂的背風低壓（leeside low）。

13.5.4　高空風呈緯向波狀行進

　　若純水平運動，$Z_T = $ 定值，（13-8）式簡化為：

渦度守恆律 3：　　　$f + \omega_r = $ 常數　　　　　　　　　　　　　　　　（13-9）

在北半球,當氣流向北平流時,地球渦度 f 增加,爲滿足守恆律(13-9),氣流必須順時針旋轉以減少相對渦度 ω_r,遂產生反氣旋高壓($\omega_r < 0$)。同理,當氣流向南平流時,地球渦度 f 減少,爲滿足守恆律(13-9),氣流必須逆時針旋轉以增加 ω_r,遂產生氣旋低壓($\omega_r > 0$),如圖 13-18。如此高空氣流由西向東移動時,高、低氣壓交錯出現,呈波狀前進,這是緯度效應(latitude effect)。

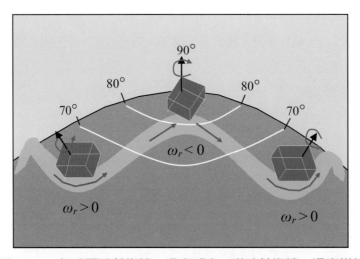

圖 13-18　氣流順時針旋轉,渦度減少;逆時針旋轉,渦度增加

13.6　阻塞系統

當西風呈現明顯的經向波動,則可能造成渦旋氣團而與西風帶割離(cut-off)。當一個割離高壓或割離低壓阻礙到風由西向東的正常行進時,即構成阻塞系統(blocking system),如圖 13-19。若阻塞系統滯留數星期或更長的時日,可能引發極端惡劣的天氣,如旱災、反常高溫或反常低溫等。

13.7　極性低壓

除了中緯度氣旋外,有些風暴發生在高緯度,特別是在極鋒以北的海洋上,包括北太平洋、北海、北大西洋等,這種風暴稱爲極性低壓(polar lows),如圖 13-20。極性低壓

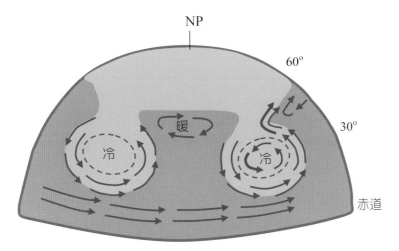

圖 13-19　中緯度西風帶的阻塞系統

圖 13-20　在挪威海岸北方的極性低壓（來源：NOAA）

一般發生在秋末至初春（11～3 月），此時太陽位置很低，有時在地平線消失一段時間，使得空氣在冰雪覆蓋的海面上非常酷寒。

　　極性低壓直徑約 500～1000 公里，略小於中緯度氣旋。有些極性低壓產生逗點形狀的雲帶，有些類似有「眼心」的熱帶颱風，唯颱風是降雨，而極性低壓是降雪。

思考・練習十三

1. 簡述旋生階段的能量來源。

2. 氣旋何時最強？簡述原因。

3. 何以氣旋囚錮後強度減弱？

4. 溫度的高低如何影響氣壓隨高度的變化，簡述之。

5. 下列何者為深高壓？何者為深低壓？

　溫帶反氣旋　溫帶氣旋　西伯利亞高壓　太平洋高壓　熱低壓

6. 列出二個暖心低壓。

7. 在不對稱的溫壓系統，總是呈現冷槽暖脊的結構，簡述原因。

8. 在北半球，氣流向東前進時，產生何種平流？向北又如何？

9. 常見的旋生來源為何？

10. 何種溫壓場配置有利於氣旋及反氣旋的發展？

11. 當氣流加速或減速時，會產生輻合或是輻散？

12. 高空氣流輻合或輻散時，會產生何種效應？

13. 續第 5 題，何者是熱低壓？何者是動力低壓？

14. 簡述背風低壓的成因。

15. 何以中緯度高空西風是以波狀前進？

16. 簡述極性低壓發生的地區、時節及特徵。

第14章 雷雨及龍捲風

熱、溼及上升氣流為雷雨形成的三要件，此可因不穩定大氣或鋒面造成。此刻，全球約有 2,000 個雷雨正在發生，大多是在熱帶或副熱帶地區。雷雨依其規模分成普通雷雨（ordinary thunderstorm）及劇烈雷雨（severe thunderstorm），均可能孕育出龍捲風（tornado），分述於下（Ahrens, 2012）。

14.1　普通雷雨

在夏季午後經常會有雷雨，天空烏雲密布，突然傾盆大雨，有時刮起陣風，並間歇伴著閃電和雷鳴（圖 14-1）。由於夏季潮溼、悶熱，雨後頓覺清涼、舒適。

圖 14-1　高雄市林園上空雨層雲發出的閃電

普通雷雨最常發生，通常持續不到一小時，可挹注水資源，造成的災害也較小。普通雷雨一般發生在風切不強的情況下，發展過程（生命期）可概分為積雲、成熟及消散三個階段，如圖 14-2。

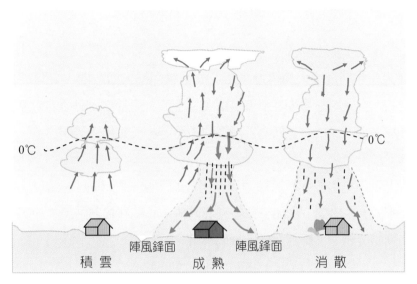

圖 14-2　普通雷雨的三個階段（生命期）

1. 積雲期

　　水氣受地面加熱、上升、冷凝，形成積雲，此階段爲成長期。水氣蒸發後增加雲內空氣的溼度，上升氣流又稱上衝流（updraft），可以在更高處繼續冷凝，使積雲不斷向上發展；同時水滴凝結釋出的潛熱，使雲內空氣的溫度及動能增加，以致積雲可在數分鐘內向上成長爲濃積雲，若從雲頂觀之，滾滾的雲宛若泡沫般不斷向上湧出。在此階段，上升氣流強，水滴還小，並無降雨、閃電或雷鳴。

2. 成熟期

　　當積雲不斷向上發展，形成積雨雲，雲滴也變大變重，上升氣流終究無法使之懸浮，雨滴開始落下，同時逸入外圍較乾冷的空氣，形成下衝流（downdraft），標示著進入成熟期。成熟期雨勢最強，可在 15 分鐘內，雲底部由 5～8 km 擴展至 10～16 km，雲頂向上至穩定的大氣，可高至對流層頂，形成平坦的砧狀雲，或甚至到平流層。下衝流和上衝流構成一個胞（cell），而雷雨通常是由數個胞構成的，每一個胞可持續 30 到 60 分鐘不等。

　　當下衝流到達地面時會帶來陣風（gust）、陣風鋒面（gust front）及大雨，風速及風向沿著陣風鋒面快速的變化。然而，若低空很乾燥，如在沙漠，雨滴可能還未落到地面就

蒸發了。

3. 消散期

當雷雨進入成熟期後，大約再過 15 到 30 分鐘即進入消散期。時間不長的主要原因是，普通雷雨的上空風切不強，下衝流阻斷了上衝流，而當雲內暖溼的空氣被耗盡，以致雲滴無法再形成。雷雨停止後，低空雲滴很快被蒸發，天氣頓覺清朗許多，有時仍可看見高空殘留的卷雲或是砧狀雲。

多數的普通雷雨是由多個單體積雨雲所組成的多胞風暴（multicell storms），每個單體積雨雲處在不同的生命期，例如一個在積雲階段，一個在成熟階段，而另一個在消散階段，如此呈序列的發展，可使雷雨延續數個小時。

14.2　劇烈雷雨

依據定義，劇烈雷雨至少需滿足下列三個條件之一：(1) 風速超過 93 km/h，(2) 產生直徑大於 1.9 cm 的冰雹，(3) 孕育出龍捲風（Ahrens, 2012; Aguado and Burt, 2015）。

由於要孕育出劇烈雷雨需要相當大的面積（10～1,000 km），因此它們多是以群組出現，每個群組又包含數個群聚的雷雨，稱作中尺度對流系統（mesoscale convective systems/MCS）。有時 MCS 像一長條狀在鋒面前緣的帶子，稱作颮線（squall lines），可長數百公里，寬 20～30 公里，如圖 14-3。

有時 MCS 以橢圓或近似圓形的群落出現，稱作中尺度對流複合體（mesoscale convective complex/MCC），涵蓋範圍可達 40,000～100,000 km^2，以時速 30～40 公里緩慢移動，降下冰雹、豪大雨，並造成嚴重水患。

普通雷雨的風切弱，成熟期之後不久就消散。然而，當上空吹強風時，會使成熟階段的普通雷雨上層雲傾斜（圖 14-4），使上升氣流不斷自地面注入雲內，雷雨得以維持更長時間，有利劇烈雷雨的形成。

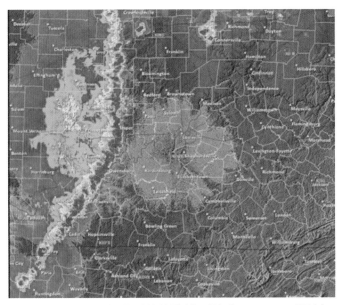

圖 14-3　中尺度對流系統的颮線（摘自：NOAA 網站）

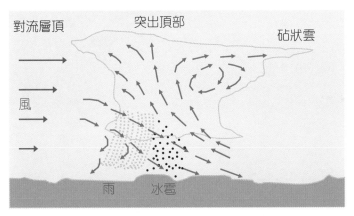

圖 14-4　劇烈雷雨通常有強烈的風切

　　此外，下衝流較乾冷，上衝流較溼熱，兩者形成陣風鋒面，如圖 14-5。當陣風鋒面通過時，會起強風、大雨，地面氣壓升高。在陣風鋒面的上方，會形成棚雲（shelf clouds），下方無雨。

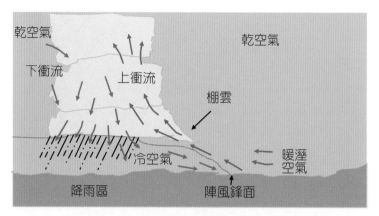

圖 14-5　劇烈雷雨的陣風鋒面及降雨區

　　圖 14-6 及圖 14-7 是荷蘭 737 飛機機長克里斯蒂安在空中拍到並請大家分享的其中二張照片。圖14-6彩虹右側是棚雲，下方無雨，但在彩虹的左側是烏雲，正下著傾盆大雨。

圖 14-6　彩虹右側是棚雲，下方無雨，彩虹左側下著大雨

　　圖 14-7 中一大塊烏雲覆蓋大地，只在中間生出猛烈的下衝氣流及降大雨，其他地區

卻無雨、有陽光。

圖 14-7　天空大片烏雲，這邊下雨，那邊有陽光

下衝流撞擊地面後會橫向擴散，稱之下爆流（downburst），風速快時會吹倒樹木、招牌、木屋。微爆流（microburst）是範圍小於 4 公里之下爆流，有時與風切會造成飛機起、降時的空難事件（圖 14-8）。

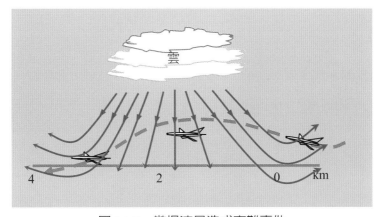

圖 14-8　微爆流易造成空難事件

14.3　紅色小精靈及藍色噴流

　　許多年來，飛機駕駛員就說，在猛烈雷雨的上方看到奇怪的燈泡向上噴出。這個說詞有段時間並未受到太多的關注，直到 1989 年拍到了一張照片，看起來像是紅色小精靈（red sprite）及藍色噴流（blue jet）在雲端跳躍著，才證實它的存在，圖 14-9 為 2015 年 8 月 10 日在國際太空站拍攝的影像。

圖 14-9　紅色小精靈及藍色噴流（摘自：NASA 網站）

14.4　龍捲風

14.4.1　特徵

　　龍捲風多數呈漏斗型（圖 14-10），直徑約 100～600 公尺，亦偶有到 1,600 公尺，通常以約 55 公里的時速前進，有的維持幾分鐘，只走 3～5 公里，有的可持續數十分鐘，橫掃十幾公里。

圖 14-10　漏斗雲觸地形成龍捲風（摘自：NOAA 網站）

14.4.2　強度

依「藤田（Fujita）龍捲風等級」，將龍捲風的威力分成微弱、強烈及劇烈三類，每類又依風速分成二個等級，共 6 個等級（$F_0 \sim F_5$），如表 14-1。

龍捲風是小尺度的風，因不受科氏力效應的影響，可以順時針也可以逆時針旋轉，但中心均為低壓。在北半球，以逆時針旋轉出現的機率較多。

表 14-1　藤田（Fujita）龍捲風等級

等級	類別	公里／時
F_0 F_1	微弱	64～115 116～180
F_2 F_3	強烈	181～253 254～332
F_4 F_5	劇烈	333～419 420～512

14.4.3　成因

　　雖然龍捲風形成的原因至今並不完全了解，但確知不穩定的大氣及劇烈雷雨是有利於它的形成。圖 14-11 顯示地面為向北吹的暖溼氣流，高空為向東吹的冷乾氣流，兩股氣流相遇形成低壓氣旋。冷空氣在暖空氣上方，對流不穩定的大氣如受到上升氣流的推升，極易引發龍捲風，圖中的咖啡色即為龍捲風最可能發生的地方。

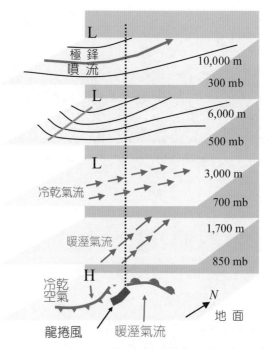

圖 14-11　不穩定大氣易產生劇烈雷雨及孕釀龍捲風

14.4.4　類型

　　在圖 14-4 的左側顯示，風速隨高度而增加，強盛的垂直風切會造成氣流的旋轉，容易形成緩慢旋轉的超大胞（supercell）。不像颮線及中尺度對流複合體含有許多雷雨胞，超大胞只有一個非常有威力的雷雨胞，做中大尺度的旋轉，直徑約 20 到 50 公里，經常孕育出龍捲風。普通雷雨也能產生龍捲風，因此龍捲風的類型分成超大胞型及非超大胞型，分述於下（Ahrens, 2012）。

1. 超大胞龍捲風

　　不穩定的大氣有利於龍捲風的形成，而強烈風切亦是關鍵。如圖 14-12，高空吹西風，地面吹東南風，在風切作用下，近地面遂產生了水平渦管（vortex tube）。當強勁的上升氣流舉升水平渦管作垂直旋轉，並將其引入超大胞中（圖 14-13），可在超大胞中產生垂直旋轉的氣柱，形成一個寬約 5 到 10 公里的中氣旋（mesocyclone），如圖 14-14。

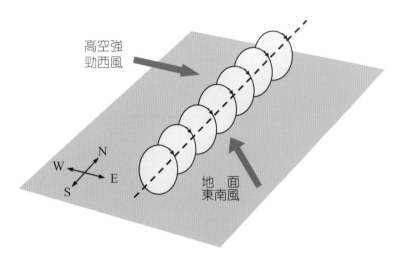

圖 14-12　高空風切產生水平渦管

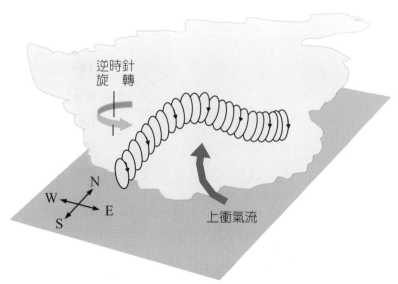

圖 14-13　強勁上升氣流將渦管帶入超大胞

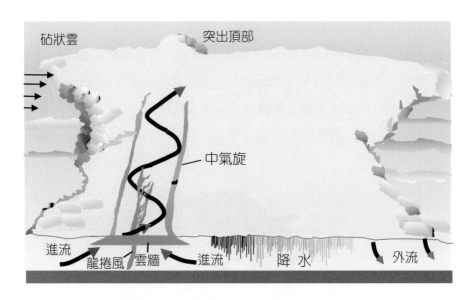

圖 14-14　超大胞的中氣旋孕育出龍捲風

　　當中氣旋的面積縮小，轉速加快（角動量守恆原理），同時向下伸出雲牆（wall cloud）及漏斗雲（funnel clouds）。如果近地面的空氣被吸入漏斗雲內，空氣急速冷卻並凝結，之後漏斗雲便向地面下降，當觸及地面時，即形成龍捲風，如圖 14-15。但是超大胞產生龍捲風的機率不到 15%，經常是漏斗雲在空中搖晃幾下，尚未觸地就消失了。

圖 14-15　超大胞形成的龍捲風（摘自：NOAA 網站）

2. 非超大胞龍捲風

　　這類龍捲風大多在胞雷雨中生成，一般時間不長，強度亦弱。例如，當地面空氣向一處邊界輻合時，上升氣流形成濃積雲，且地面空氣在邊界的兩側風向相反，於是產生旋轉氣柱（圖 14-16 上）。當發展中的雲剛好通過旋轉氣柱上方，並藉上升氣流將其引入雲內（圖 14-16 下），則在氣柱面積縮小，轉速加快的情況下，可產生龍捲風（Ahrens, 2012）。在陸地生成的是陸龍捲（land spout），在水面生成的是水龍捲（water spout），如圖 14-17。

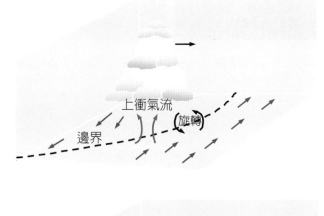

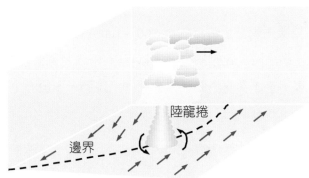

圖 14-16　（上）上升氣流在邊界輻合處形成濃積雲；（下）上空雲通過旋轉區並引入低空雲，
　　　　　可產生龍捲風

圖 14-17　（左）陸龍捲，（右）水龍捲（摘自：NOAA 網站）

14.4.5　發生地區及季節

　　世界各大洲都會發生龍捲風，大多發生在白天最熱的時刻，因為此時地表空氣被加熱而變得最不穩定。

　　美國可算是「龍捲風王國」，每年約有 800～1000 個龍捲風，平均造成 50 至 100 人不等的傷亡，及數億至數十億美元的損失，尤以春季 4、5 月間最多。

　　臺灣平均每年出現 1 至 2 次龍捲風，各地都曾出現過，多數發生在春季、梅雨期或夏季的西海岸平原或近海，多屬 F_0 或 F_1 微弱等級。

思考・練習十四

1. 簡述普通雷雨消散的原因。
2. 什麼因素可使普通雷雨維持更長的時間？
3. 簡述中尺度對流複合體的特徵。
4. 簡述颮線的特徵。
5. 試述有利形成龍捲風的天氣狀況。

6. 超大胞是否為中尺度對流複合體？

7. 當濃厚的雲層出現漏斗雲，後續要如何發展方能孕育出龍捲風？

8. 何以龍捲風可順時針或逆時針旋轉？

9. 一日之中，龍捲風通常發生在何時及其原因？

第15章 颱風及颶風

15.1　概述

颱風（typhoon）或颶風（hurricane）係指發生在熱帶海洋（5°～20°）的熱帶氣旋（tropical cyclones）。在亞洲風速在 8 級（含）以上的熱帶氣旋稱作颱風，在印度及澳洲稱作熱帶氣旋或氣旋風暴（cyclonic storm）。若風速在 7 級（每秒 17.2 公尺）或以下，則稱熱帶低壓（tropical depression/TD），並依風速將颱風分爲輕度、中度及強烈三級，如表 15-1。在美國，風速在 12 級（每秒 32.7 公尺）以上的才稱作颶風。

表 15-1　東亞地區颱風強度等級

強度	蒲福風級	公尺／秒	公里／時
輕度颱風	8～11	17.2～32.6	62～117
中度颱風	12～5	32.7～50.9	118～183
強烈颱風	16 以上	51 以上	184 以上

註：蒲福風級見表 8-3。

全球每年約有 80 個颱風生成，在西太平洋及南海發生的次數最多，約占全球發生次數的 31%，北半球發生颱風的次數約是南半球的 4 倍。自 1958 年至 2017 年共有 1577 個颱風在西太平洋生成，平均每年有 26.3 個颱風生成，一半以上發生在夏季的 7、8、9 月，而以 8 月最多（表 15-2）。

表 15-2　西太平洋 1958- 2017 期間平均每月颱風發生的次數

月	1	2	3	4	5	6	7	8	9	10	11	12	合計
次數	0.48	0.18	0.36	0.72	1.1	1.77	4.05	5.32	5.05	3.8	2.28	1.18	26.28

來源：中央氣象局網站

15.2　颱風的結構

圖 15-1 爲 2019 年 7 月 3 日在東太平洋海域「芭芭拉颱風」的衛星雲圖，本體結構紮實，眼心半徑約 35 公里，又黑又大，拖曳著螺旋雲帶，做逆時針旋轉。她的 7 級暴風半

徑 280 公里，地面中心最低壓 933 mb，中心最大風速 69 m/s，爲一超 17 級強烈颱風。

圖 15-1　芭芭拉颱風衛星雲圖（摘自：Tropical Tidbits.com）

如圖 15-2a-b 所示，颱風的眼心寬約 20 到 40 公里，眼心內有下沉氣流。眼心四周是由積雲和積雨雲所構成的眼牆（eye wall），類似直立的煙囪，在海面輻合的熱溼空氣在眼牆底部迅速堆積，並向上流入眼牆。通常向上速度遠大於下沉速度，並在眼牆外降下豪大雨。

颱風包含非常多的雷雨胞，繞著中心作逆時針旋轉。當海面的空氣向眼心內流（inflow）時，獲得大量蒸發的水氣，是能量的主要來源。在海面上旋轉的空氣並未流入眼心，而是沿著眼牆內壁及外壁之空隙快速上升，最大降雨通常就在此區。上升的氣流直達對流層頂，或突出到平流層，然後向四周展開成反氣旋的外流（outflow），外流最終沉降海面。

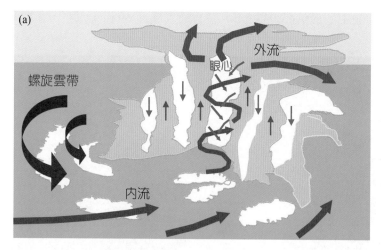

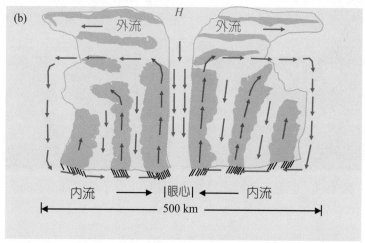

圖 15-2　颱風的垂直剖面：(a) 三度空間；(b) 二度空間

15-3　颱風的熱力及動力特性

　　颱風的海面中心是低壓，到了高空是高壓（通常到平流層）。因降雨釋出潛熱，中心溫度較周圍高，因此是一個暖心低壓（圖 15-3）。然而，底部眼心溫度變化不大，僅略高於周圍的氣溫約 2℃，但到了 12 公里的高度，眼心溫度可高出周圍空氣 10℃。颱風眼通過時，常是無風或疏雲，此一假象容易被誤解颱風已過去了。

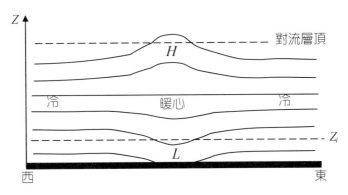

圖 15-3　暖心低壓的等壓線，z_i 是大氣邊界層高度

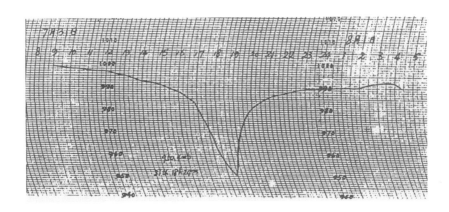

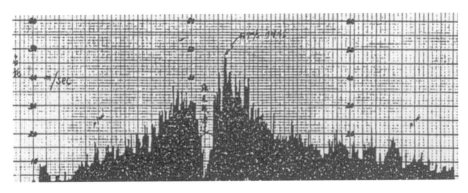

圖 15-4　薇拉颱風通過臺北的氣壓及風速變化（1977 年 7 月 31 日～8 月 1 日）（摘自：呂銀山，1999）

　　圖 15-4 為 1977 年 7 月薇拉颱風之瞬時壓力（上）及速度變化（下），顯示中心壓力 950 mb，為中度颱風；眼心處無風，但風速由眼心處快速向外增加，至眼牆外壁達到最高

值，此後風速隨距離之增加而遞減。颱風四周的風速及風向都不一樣，眼心右邊的風因與颱風行進的方向相同，故風速較左邊的快。

一理想化的颱風模式，眼牆內的氣流近似剛體旋轉（solid-body rotation），風速與眼心的距離 R 呈正比，最大風速發生在眼牆的外壁上（$R = R_0$），而眼牆外的風速則隨距離的增加而遞減，其壓較差 $\triangle P$、溫較差 $\triangle T$、水平切線速度 U 及垂直速度 W 以無因次化（除以各別的最大值）示於圖 15-5，其中 Z 是無因次化的高度（Stull, 2015）。

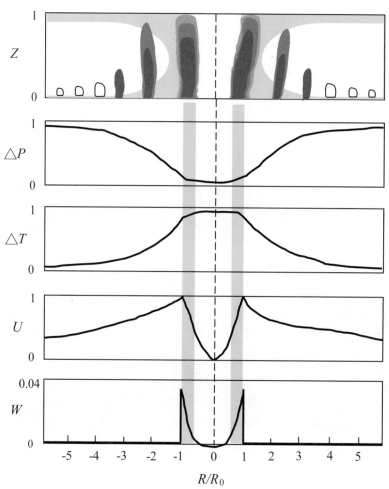

圖 15-5　理想化颱風的壓較差、溫較差、水平切線速度及垂直速度剖面

15.4　颱風的形成及發展

　　從無雲弱風的熱帶海域要發展出雲團簇集的熱帶低壓─颱風的前身，需要某種觸發機制，即所謂的熱帶擾動（tropical disturbances）。間熱帶輻合區（ITCZ）為南、北兩半球東南信風及東北信風的輻合處，在夏季會北移到 20～30°N。因此，熱帶擾動可能來自中緯度氣旋南伸的低壓槽觸及 ITCZ，或是 ITCZ 自身對流引發的熱帶波（tropical wave），亦稱東風波（easterly wave）。在熱帶波的東方多對流雲雨，西方則是好天氣，隨後發展出一個低壓區，使對流雲變得有組織的發展，熱帶低壓因而誕生（圖 15-6）。

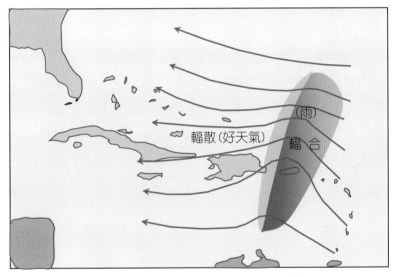

圖 15-6　赤道附近的熱帶波（東風波）

　　爾後，在下列 2 要件的配合下，即可發展成颱風：

1. 其下有暖的海域：一般海水溫度需在 26.5℃ 以上，深度在 60 公尺左右。

2. 有顯著的科氏力效應：由於赤道並無科氏力，一般要在緯度 5° 以上的海域，科氏力才可影響並帶動氣流旋轉。颱風經常生成在 10° 到 20° 之間的熱帶海域。

　　圖 15-7 是颱風形成的連續衛星照片，起初熱帶海洋在炎熱陽光照射下水分大量蒸發，形成巨大積雨雲雲團（左 1）。隨後積雨雲繼續吸入溼熱水氣形成螺旋雲帶，風速增強，形成熱帶低壓（左 2）。往後風勢愈來愈強，並開始繞著中心打轉（左 3），並生成

颱風眼及颱風（右 2）。颱風通過陸地或寒冷海面時，由於無法再獲得能量，風力就會迅速減弱（右 1）。

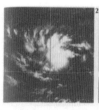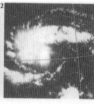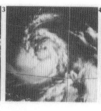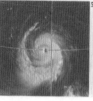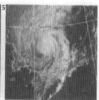

第一天：海上發展出強盛的積雨雲（熱帶擾動）。　第二天：雲層發展、聚集成螺旋雲帶（熱帶低壓）。　第四天：風力增強，出現明顯中心點。　第七天：颱風眼形成，此時最具危險性。　第十一天：颱風眼通過陸地，威力開始減弱。

圖 15-7　颱風從熱帶擾動發展後的演變（摘自：布萊安‧科斯格羅，1994）

　　颱風從生成到消失，包括熱帶擾動、熱帶低壓、熱帶風暴及消散 4 個階段，前後約 10～14 天。當颱風移至較冷的海域，風力減弱；登陸後，缺水氣來源，或結構遭山脈破壞，強度亦快速減弱。

15.5　東亞地區颱風的行進路線

　　在各熱帶海域中颱風的行進路線，均與該海域附近半永久性高低壓及附近的高、低壓分布情況有密切的關聯。

　　以東亞為例，熱帶海域生成的颱風，在東風吹送下，向西及西北移動。若太平洋高壓不強，侵襲臺灣的機率增高；但亦會受到大陸高氣壓向東、向南擴張的影響，而改變行進方向，也可能突然減速，也可能滯留 1～2 天（張泉湧，2019）。之後，可能轉向，並加速前進，而轉向的地方叫做轉向點（turning point）。東亞地區颱風行進的路線，大略如圖 15-8 所示。自 1911 年至 2017 年，共有 365 個颱風侵襲我國臺灣，平均每年有 3 到 4 個，最多一年有 7 次，也有兩年沒有颱風。

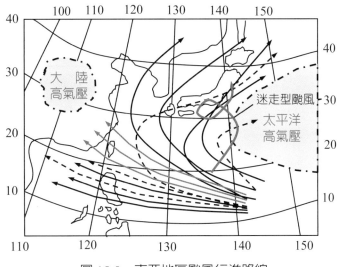

圖 15-8　東亞地區颱風行進路線

　　侵襲臺灣的颱風，多來自東部海域或南部的巴士海峽，登陸點在臺東、恆春、花蓮、宜蘭一帶。由臺灣西部或臺灣海峽登陸的颱風極少，登陸點在臺南、彰化附近，如圖15-9（涂建翊等人，2003）。

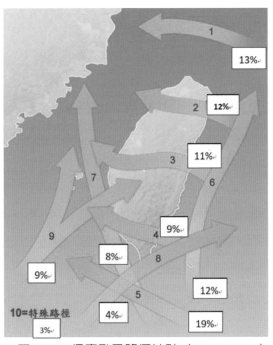

圖 15-9　侵臺颱風路徑統計（1897～1990）

15.6 颱風與中緯度氣旋的比較

颱風是熱帶氣旋，中緯度氣旋是溫帶氣旋，均是低壓及氣旋降水（cyclone precipitation），在北半球呈逆時針旋轉，在南半球呈順時針旋轉，但兩者在尺度及發展上有許多相異處。

在北半球的地面天氣圖上，中緯度氣旋呈楔形，楔形開口朝西南、南或東南，而颱風的等壓線一般近似圓形，如圖 15-10。

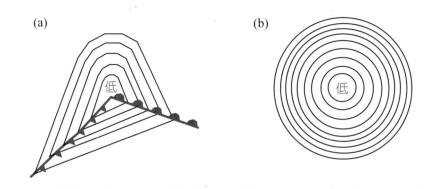

圖 15-10　地面天氣圖（在北半球以逆時針旋轉）：(a) 中緯度氣旋，(b) 颱風

中緯度氣旋由冷暖鋒面相遇所造成，氣旋的強弱，主要是由冷暖鋒面的水平溫差所決定，水平尺度約 500～2000 公里，囚錮點的壓力一般較周圍低 10～50 mb。降水形式包括雨、雪，或二者皆有。

驅動颱風的能量主要源自熱帶海洋蒸發的水氣，以及降雨所釋出的潛熱，雨是其唯一的降水形式。颱風的水平尺度在 100～500 公里，小於氣旋的尺度，為對稱的暖心低壓，但水平溫差不大，中心壓力低於周圍 30～60 mb。

此外，中緯度氣旋在對流層是「冷心深低壓」，愈到高空低壓愈強，風速愈快。但是颱風在對流層是「暖心低壓」，到了對流層頂或平流層是「暖心高壓」，風速減弱，如圖 15-11。因此，颱風是近地面最強的風，而中緯度氣旋是近對流層頂最強的風（Merrill, 1993, www.aoml.noaa.gov/hrd/tcfaq/A7.html）。

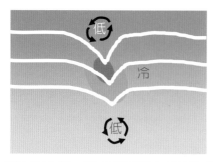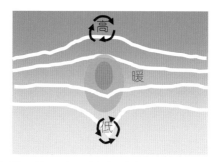

圖 15-11 垂直壓力場、溫度距平及在地面和對流層頂的環流：（左）中緯度氣旋，（右）颱風

思考・練習十五

1. 颱風的眼心是上升氣流、下降氣流或無氣流？

2. 在理想的模式中，颱風的水平切線速度如何變化？

3. 簡述熱帶擾動的機制。

4. 颱風通常發生在何地區？其發展的主要能量來源為何？

5. 颱風發展的必要條件為何？

6. 若颱風向北前進，則最大風速發生在颱風中心之何方向？

7. 簡述影響颱風的行進路線。

8. 簡述颱風和中緯度氣旋的異同。

9. 為何颱風是近地面最強的風，而中緯度氣旋是近對流層頂最強的風？

第16章 全球氣候

　　氣候是某一地區在某段時間內的平均天氣狀況，既包含經常出現的，如溫度、降水量、氣壓、風速、風向等，也包含異常或極端事件，時間和空間尺度都比天氣長且大。因此，天氣是氣候的基礎，氣候是天氣的綜合。

　　然而，地球上各個地區的氣候大不相同，也造就了多樣的地貌及環境。有奇花異獸的熱帶雨林、寸草不生的沙漠、無際的草原，也有無垠的冰冠。如何在看似雜亂無章的變化中，找出它的規律及影響因子，就是全球氣候劃分的主要課題，也是本章的重點。

16.1　氣候形成因素

　　任一地方的氣候受到氣候控制因子（factors of climate control）的影響，這與天氣的控制因子是一樣的。扼要言之，這些因子是：

1. 太陽輻射強度及隨緯度的變化（第二、三章）。
2. 大氣環流、洋流、ITCZ 及氣團隨季節的位移和消長（第十、十二章）。
3. 下墊面因素，包括海陸分布、湖泊、地形等（第十、十一、十二章）。

　　世界各地的地理位置不同，所接受的太陽輻射能、大氣環流及洋流狀況各不相同，因此產生不同的溫度、降水、冷熱乾溼、風暴以及氣候。儘管如此，這些影響因子並非無規律可循，先找出主控因子，將氣候基本狀況相近的地區劃分為同一氣候類型，差異大的就歸屬其他類型，就可建構全球的主要氣候類型（major climate types）；如有需要，再經修正，細分出次氣候類型（sub-climate types），這些就是全球氣候帶劃分的基本原則。

16.2　全球氣候帶劃分法

　　氣溫和降水是表徵氣候最明顯的兩個指標，也是全球氣候帶劃分最重要的關鍵因素，概述於下。

16.2.1　氣溫

　　氣溫是劃分氣候最主要的依據。圖 16-1 為全球海面溫度（sea surface temperature,

SST），顯示赤道的海面溫度最高，在 30°S～30°N 的溫度約在 26～34.5℃，中緯度的溫度約為 10～21℃，更高緯度則降到 2℃以下（另見圖 3-9）。除北半球海洋因多受陸地阻隔，經向波動較大外，海面溫度大致由赤道向兩極遞減。南半球因陸地少，海洋多連成一體，因此緯向遞減的趨勢最明顯。如圖 16-2，全球地表日平均溫度亦呈現緯向遞減的現象，最高溫度在非洲北部、中亞以及美國西南部的沙漠，最低溫在極地。

　　全球大氣環流每隔緯度 30° 作氣壓帶的區分，雖然海陸分布不均勻，在大陸上出現了一些冷暖中心，但帶狀分布的基本格局並未改變。因此根據氣溫的分布，可將全球劃分成幾個不同的氣候帶。

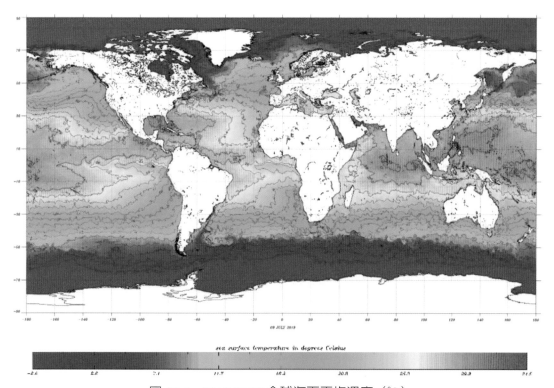

圖 16-1　2019.07.09 全球海面平均溫度（℃）

（摘自：NOAA/NESDIS Center for Satellite Applications and Research）

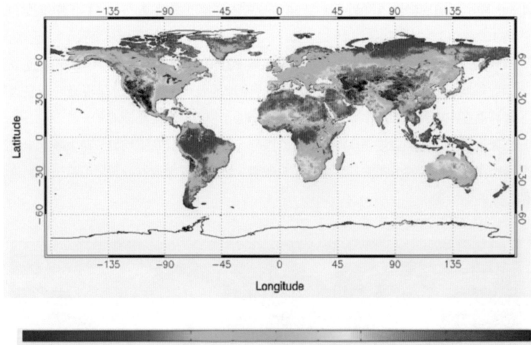

圖 16-2　2014 年 5 月全球地表日平均溫度（℃）

（摘自：NOAA/NESDIS Center for Satellite Applications and Research）

16.2.2　降水

　　圖 16-3 為簡化的大氣環流和降水分布概況，氣流上升區多雨，氣流下沉區少雨。全球雨量最豐沛的地區是 ITCZ（赤道低壓帶），其次是高緯度的極鋒帶。副熱帶高壓帶乾燥、雨量少，是全球大沙漠（如撒哈拉沙漠）分布的地區，另一個乾燥、雨少的地區是在極地圈內。

　　此外，ITCZ 隨季節遷移，因此在 ITCZ 和副熱帶高壓帶之間的過渡區具有「夏溼／冬乾」的氣候特徵，而在副熱帶高壓帶和極鋒帶之間的過渡區具有「夏乾／冬溼」的氣候特徵（見第 10.3 節）。

　　圖 16-4 為美國航空暨太空總署（NASA）在 2015 年 1 月和 7 月用人造衛星上的儀器

測得的全球總降雨量（total rainfall）分布（灰色區無數據），可清晰看到在赤道附近的大雨帶（band of heavy rains）隨季節向南北移動，全球約三分之二的雨量是降在大雨帶。陸地上，非洲北部撒哈拉沙漠的雨量最少，非洲南半部在 7 月的雨量和澳洲內陸在 1 月的雨量也很少。

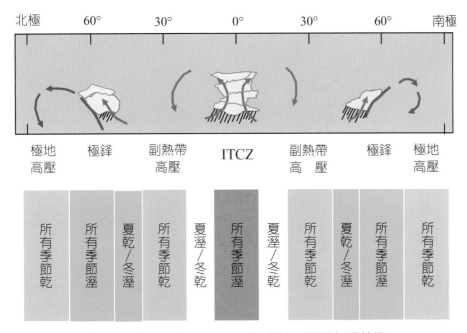

圖 16-3　大氣環流的氣流運動、降水型態及氣候特徵

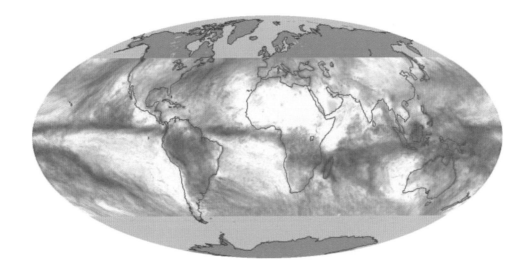

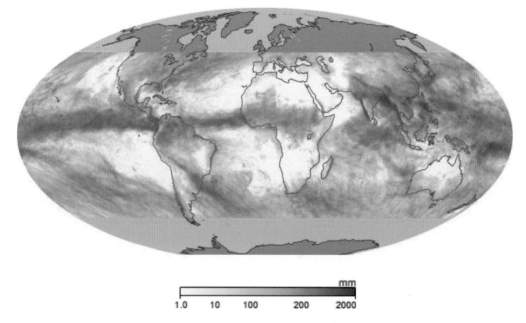

圖 16-4　2015 年 1 月（上）及 7 月（下）全球總降雨量（mm）分布
（摘自：NASA/global-maps 網站）

　　圖 16-5 是最近 90 天（2019.04.19～2019.07.17）全球降水量及距平（anomaly，與長期平均值的差值）分布狀況，顯示 15～30°N 之非洲、35～45°N 之亞洲等沙漠地區，降水量明顯不足（負距平），其他或是正常（包括 30°S 澳洲內陸），或是有微量的正負距平。

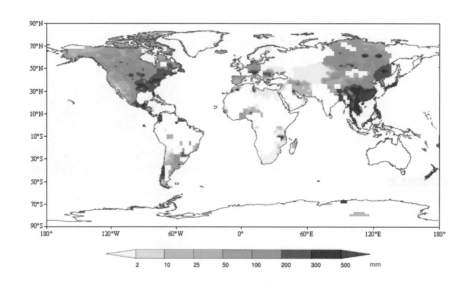

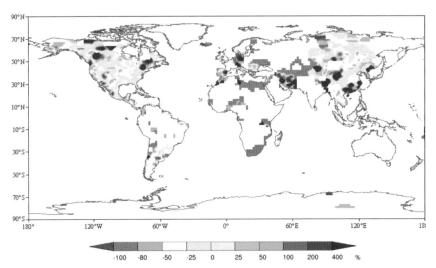

圖 16-5　（上）全球陸地降水量及（下）距平分布狀況

（2019.04.19-2019.07.17）（摘自：中國氣象局國家氣候中心網站）

16.2.3　柯本─蓋格氣候分類

　　最早的氣候帶劃分是從天文學角度出發，根據太陽輻射在地表緯度的規律分布，如在赤道、回歸線及極地圈，把地球分成熱帶、溫帶（南、北）及寒帶（南、北）5 個氣候帶，稱爲天文氣候帶。但太陽輻射並非影響氣候的單一因子，特別是大氣環流影響顯著。因此就有許多中外學者提出不同的劃分，有將熱帶分成赤道帶、熱帶、副熱帶，有將寒帶分成副寒帶、寒帶、極地帶等，種類繁多，不勝枚舉。

　　柯本氣候分類（Koppen's climate classification）是當今世界廣被使用的氣候分類系統之一，於 1884 年由俄國─德國氣候學家柯本（Wladimir Koppen）首次提出，並在 1918 年至 1936 年期間進行多次改良。柯本先觀察植被的分布狀況，定出不同植被邊界，再分析影響此等邊界之月平均溫度及降水量，從而繪出全球之氣候帶。到了二十世紀 50 年代，德國氣候學家蓋格（Rudolf Geiger）再對該分類進行一些修改，因此也被稱爲柯本─蓋格（Koppen-Geiger）氣候分類系統。

　　柯本─蓋格氣候分類系統採用多層次分類法，首先根據氣溫將全球分成 A（熱帶）、B（乾燥）、C（溫帶）、D（寒冷）及 E（極地）5 類主要氣候。其次，每一氣候區（不含 E 區）再依據月平均降水量劃分次氣候類型（第二個英文字）；例如，Af 爲熱帶雨林氣

候。最後，除 A 外，再用溫度劃分 B、C、D（第三個英文字）及 E（第二個英文字）次氣
候帶；例如，Cfb 為夏暖（第三個英文字）的海洋性氣候。

　　當初柯本氣候分類系統另以 H 代表高地氣候，因此全球有 6 類氣候區（Ahrens, 2012;
Aguado and Burt, 2015）。但是各緯度均有高山、高原，柯本—蓋格氣候分類系統乃排
除高地氣候，將其併入五個主要氣候類型，而將全球分成 29 個次氣候類型，如圖 16-6
（Peel, et al., 2007）。

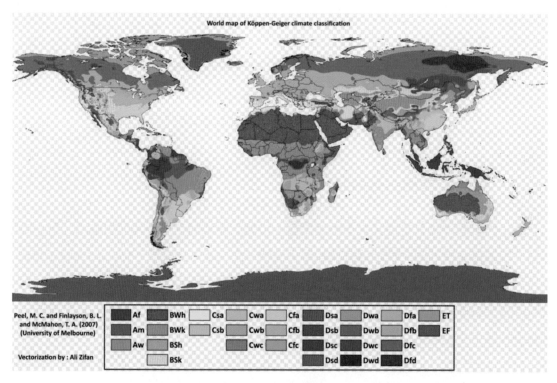

圖 16-6　柯本—蓋格分類法的全球氣候帶（摘自：Peel, et al., 2007）

　　柯本—蓋格以年或月的平均氣溫（℃）及平均降水量（mm）為分類準則，詳表
16-1，各氣候帶的主要特徵概述於後（Aguado and Burt, 2015; Ahrens, 2012；郭瑞濤及林政
宏，1994）。據此，全世界以乾燥氣候 B 所占的土地面積最廣（30.2%），其次是寒冷帶
D（24.6%）、熱帶 A（19.0%）、溫帶 C（13.4%）與極地帶 E（12.8%）；其中又以副熱帶
沙漠氣候 BWh（14.2%）是最普遍的次氣候帶，其次是熱帶草原氣候 AW（11.5%）。

表 16-1　柯本—蓋格氣候分類準則

字母符號			
1st	2nd	3rd	特徵
A 熱帶			最冷月氣溫 ≧ 18℃
	f		最乾燥月降水量 ≧ 60 mm
	m		最乾燥月降水量 ≦ 60 mm 但 ≧ $[100 - (r/25)]$ mm
	w		最乾燥月降水量 ≦ 60 mm 並 ≦ $[100 - (r/25)]$ mm
B 乾燥			≧ 70% 的年降水量在夏季半年，$r < 20t + 280$；或者 ≧ 70% 的年降水量在冬季半年，$r < 20t$；或者半年都沒有 ≧ 70% 的年降水量，$r < 20t + 140$
	W		$r <$ B 型分類上限的一半（見上）
	S		$r <$ B 型分類的上限，但超過該數量的一半
		h	$t ≧ 18℃$
		k	$t < 18℃$
C 溫帶			最暖月氣溫 ≧ 10℃，最冷月氣溫 < 18℃但 > −3℃
	s		一年中夏季最乾燥月的降雨量 < 30mm，不到冬季最潮溼月的 1/3
	w		冬季半年最乾燥月的降雨量不到夏季半年最潮溼月降雨量的 1/10
	f		全年降水量分布更均勻，不滿足 s 或者 w 的特徵
		a	最暖月氣溫 ≧ 22℃
		b	四個最熱月中每一個的氣溫為 10℃ 或以上，但最暖月氣溫 < 22℃
		c	有一至三個月的氣溫為 10℃ 或以上，但最暖月氣溫 < 22℃
D 寒冷			最暖月氣溫 ≧ 10℃，最冷月氣溫 ≦ −3℃
	s		與 C 型相同
	w		與 C 型相同
	f		與 C 型相同
		a	與 C 型相同
		b	與 C 型相同
		c	與 C 型相同
		d	最冷月氣溫 ≦ −38℃（然後用 d 來代替 a、b 或 c）
E 極地			最暖月氣溫 ≦ 10℃
	T		最暖月氣溫 > 0℃但 < 10℃

字母符號			
1st	2nd	3rd	特徵
	F		最暖月氣溫 < 0℃
H 高地			氣溫和降水特徵高度依賴於鄰近地區的特徵和整體海拔——高地氣候可能發生在任何緯度

備註：
1. *r* 是年平均降水量（mm），*t* 是年平均氣溫（℃）。所有其他溫度都是月平均值（℃），所有其他降雨量都是月平均值（mm）。
2. 符合 B 型標準的任何氣候都被歸類為 B 型，與其他特徵無關。
3. 夏季半年定義為北半球的 4 月至 9 月和南半球的 10 月至 3 月。
4. 參考資料：Peel, et al., 2007。

16.3　潤溼熱帶氣候

　　潤溼熱帶氣候（humid tropical climate/A）幾乎全部位在北回歸線與南回歸線之間（23.5°S～23.5°N），包含熱帶雨林（Af）、熱帶季風（Am）、熱帶草原（Aw）三個氣候帶，每一氣候帶整年都是溫暖的，差別是在降水量。

16.3.1　熱帶雨林氣候

　　熱帶雨林氣候（tropical rain forest/Af）分布在赤道附近（10°S～10°N），全年正午太陽都很大，晝夜長短大致相同，所以全年皆夏，無季節變化。年均溫在 26℃左右，各月平均氣溫在 25～28℃之間，平均日較差可達 6～12℃；如巴拿馬城氣溫年較差僅為 0.2℃，而平均日較差為 8～11℃左右。

　　由於地處赤道低壓帶中，全年多對流雨，無乾季。全球三大熱帶雨林區在南美洲的亞馬遜盆地、西非赤道區及東印尼群島均分布在此區，年降雨量一般在 2000 毫米以上，是世界上降雨最多的地帶，同時也是雷陣雨最多的地帶（多在午後到黃昏間）。一年中平均有 75 到 150 天的雷陣雨，爪哇的雷陣雨天數達 320 天，為世界之最。

　　由於水與熱力條件極為充足，所以此帶植物茂密，種類繁多，終年常綠，是世界上森林最繁茂的地帶。

16.3.2　熱帶季風氣候

熱帶季風氣候（tropical monsoon/Am）可視爲熱帶雨林區及熱帶草原區之過渡區，通常發生在一年中有暖溼向岸風的大陸沿岸地區。

以北半球而言，夏季 ITCZ 北移，在亞洲大陸上出現印度低壓，同時南半球的東南信風越過赤道變爲西南季風（夏季風），帶來大量降雨，而熱帶氣旋活躍，更使降雨大增。冬季 ITCZ 移到南半球，亞洲大陸上出現蒙古高壓，盛行乾冷的東北季風（冬季風）降水顯著減少，如海南島屬此類。

降水量集中在夏季，是熱帶季風氣候的特點。年降水量一般在 1500 毫米，乃至 2000 毫米以上，如臺灣的恆春僅 7、8 兩月的降雨量就達 1000 毫米以上，約占全年的一半。全年氣溫皆高，年平均氣溫在 20℃以上，最冷月一般也在 18℃以上。

16.3.3　熱帶草原氣候

熱帶草原氣候（tropical savanna/Aw）是赤道低壓和信風之間的過渡地帶，隨季節赤道低壓和信風交替控制，所以形成乾溼季明顯交替的氣候特徵。

乾溼季的長短，視距熱帶雨林區的遠近而定，距離愈近，雨季愈長，乾季愈短；距離愈遠，雨季愈短，乾季愈長。乾季最短者爲 1～2 個月，年降雨量一般在 750～1000 毫米之間。雨季時高溫潮溼，植物生長茂盛。乾季時，草枯木黃，落葉遍地，一片荒涼景色。

這裡是世界上最大的草原地帶，包括非洲的賽倫蓋蒂草原、中南美洲的草原等。全年氣溫較高，最冷月也在 16～18℃以上。

16.4　乾燥氣候

由於哈德里胞在 30° 沉降，全球的乾燥區域分布在南北半球緯度 23.5°～40° 之間，包括 [眞] 沙漠（true deserts, BW）及半沙漠（semi-deserts, BS）地區，後者是分開沙漠與鄰近氣候區的過渡帶，因有短草（steppe），因此半沙漠又稱草原氣候。

乾燥氣候（dry climate/B）分爲副熱帶沙漠氣候、副熱帶草原氣候（20° 到 30°）、中緯度沙漠氣候（30° 到 40°）、中緯度草原氣候（30° 到 40°）四類型。

16.4.1 副熱帶沙漠氣候

副熱帶沙漠氣候（subtropical desert climate/BWh）分布在南北半球 10° 到 30° 之區域，包括全世界最大的撒哈拉沙漠、中東的沙烏地與伊朗境內的沙漠，以及印度東北邊的塔爾沙漠（Thar desert）。

這地區常年乾熱少雨，一般年降雨量不足 125 毫米，許多地方連續多年無雨。例如阿拉伯半島的亞丁，一年中有五個月的月平均氣溫在 30℃ 以上。最冷月氣溫一般也在 15℃ 以上。氣溫的日較差很大，一般在 15～30℃ 左右；年較差一般在 10～20℃ 左右，嚴重乾旱是當地居民生活的最大威脅。

16.4.2 副熱帶草原氣候

副熱帶草原氣候（subtropical steppe climate/BSh）分布在南北半球 20° 到 30° 之區域，這裡的特徵也是乾燥、雨量少且變化大、極端的夏季溫度、日夜溫差很大等，但這些較副熱帶沙漠氣候略輕微些。如澳大利亞的內陸（20～30℃，年降雨量 460 毫米）及墨西哥的北端沙漠（15～26℃，年降雨量 510 毫米），均屬此類氣候。

16.4.3 中緯度沙漠氣候

中緯度沙漠氣候（mid-latitude deserts/BWk）分布在 30° 到 40° 之區域，亞洲中緯度有許多沙漠，包括我國主要的八處沙漠均屬此類氣候。美國西南部的沙漠，年平均高溫約 20℃ 年溫度較差可達 36.7℃，年降雨量僅 100 毫米（Lovelock, Nevada）。

在南半球，中緯度沙漠僅侷限在狹長帶，如南美洲安第斯山脈（Andes Mountain Range）西側，而漫長的安第斯山脈西側近臨南太平洋，卻有沙漠，這在全球是罕見的。

16.4.4 中緯度草原氣候

中緯度草原氣候（mid-latitude steppe climate/BSk）分布在 30° 到 40° 之區域，包括北美洲西部大部分的乾燥地方，位在中緯度沙漠氣候的北邊，向南與副熱帶草原相連接。在亞洲的中緯度沙漠，分布有許多狹帶狀的草原圍繞著。

中緯度草原氣候和中緯度沙漠氣候在氣溫上的特徵大致相似，主要的差異是草原氣候

的雨量較多。在科羅拉多州的丹佛市，年平均高溫約 24℃，年溫度較差為 23.3℃，年降雨量 360 毫米。在哈薩克的希美（Semey），平均高溫約 28℃，年溫度較差為 27.2℃，年降雨量僅 230 毫米。

16.5　溫帶氣候

溫帶氣候（temperate or mild climate/C）主要分布在南、北半球中緯度 30°～60° 地區。「溫和」是指冬天的溫度，而未必是夏天的溫度（許多地方夏天常超過 38℃，並不溫和），其次是指冬天少雪或未被雪覆蓋。此氣候分為三類型：潤溼副熱帶型、地中海型、海洋西岸型。

16.5.1　潤溼副熱帶氣候

潤溼副熱帶氣候（humid subtropical climate/Cfa）主要包括北美洲、南美洲的東岸，以及亞洲的東岸廣大地區。這些地區都位在半永久性反氣旋的西邊，夏季受來自副熱帶海洋暖溼氣流的影響，高溫多雨。最熱月平均氣溫一般在 22℃ 以上，降水量一般占全年降水總量的 70% 左右。冬季時，受到來自大陸乾冷氣流的影響，氣溫低降水較少。最冷月氣溫一般在 0～15℃ 之間，有時受寒潮影響，低氣溫可降到 0℃ 以下。

年降水量一般在 750～1000 毫米以上，冬季降水量較少，約占全年的 30% 左右。中國的華中、華南及臺灣均屬此類氣候。

16.5.2　地中海氣候

地中海氣候（Mediterranean climate/Cs）分布範圍占全球比例十分稀少（圖 16-7），主要在地中海沿岸、黑海沿岸、美國加利福尼亞州、澳大利亞西南部伯斯和南部阿德萊德一帶，以及南非西南部、智利中部等地區，因地中海沿岸地區最典型而得名。冬季氣溫一般在 10℃ 以上，最冷月氣溫一般在 5～10℃ 左右；夏季最熱月氣溫一般在 20℃ 以上，甚至超出 25℃。

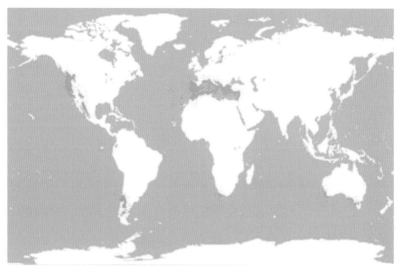

圖 16-7　地中海氣候帶分布（綠色）（摘自：wiki 網站）

　　這裡地處低中緯大陸西岸，受氣壓帶和西風帶季節移動的影響，冬季受來自海洋上的西風控制，夏季受副熱帶高氣壓影響，所以形成「夏乾冬溼」的氣候特點，如圖 16-8。

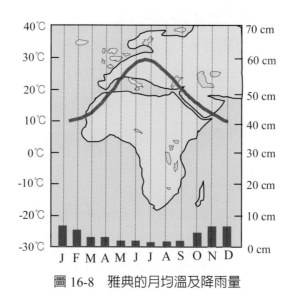

圖 16-8　雅典的月均溫及降雨量

　　迴異於其他類型氣候，這也往往造成作物生長季無法與雨季配合，因此地中海農業區的作物種類往往為耐旱的矮橡樹、蔬果，灌溉系統十分發達亦為其一大特色，全年降水量

在 300～1000 毫米左右。

16.5.3　海洋西岸氣候

海洋西岸氣候（marine west coast climate, Cfb）包括美國西北方往加拿大延伸的西岸、阿拉斯加、歐洲大陸西部及不列顛群島，但在澳大利亞及非洲則是在東岸。除亞洲、非洲和南極洲沒有外，其餘各大洲都有。

因位於中高緯度大陸的西海岸，終年盛行來自大洋上的西風，因此屬「溫帶海洋性氣候」。典型的氣候為冬暖夏涼，氣溫年較差小，全年溼潤多雨，冬雨較多的氣候特點。

夏季最熱月平均氣溫在 22℃以下，冬季最冷月平均氣溫均在 0℃以上，其年較差比同緯度的內陸和大陸東岸小得多，年降水量一般在 750～1000 毫米左右。

16.6　寒冷氣候

寒冷氣候（cold climate, D）或嚴酷中緯度氣候（severe mid-latitude climate）包括潤溼大陸（humid continental, Dfa, Dfb, Dwa, Dwb）及副北極（subarctic, Dfc, Dfd, Dwc, Dwd）兩類氣候，都是在中高緯度的陸地上（40°～70°N），因此只有在北半球的歐、亞及北美洲。

16.6.1　潤溼大陸性氣候

地處高緯（40°～50°N），同時又受副極地低壓帶氣旋活動的影響，形成冬季漫長嚴寒，暖季短促，氣溫年較差大，年降水在 50～100 cm，但溼度很高的氣候特點。例如，紐約（40°N）8 月的均溫為 29℃，2 月最高均溫為 4℃。在中國東北瀋陽（42°N），8 月的均溫為 23℃，2 月均溫為 –2℃。

此區秋季時，樹葉由綠轉為黃或紅色，參差於山坡、水畔，耀眼奪目。

16.6.2　副北極氣候

這裡是中緯度地區的最高緯度（50°～70°N），包括一半的阿拉斯加及加拿大屬此氣

候。

　　冬季最冷月平均氣溫一般均在 –20℃ 以下，甚至達 –40℃ 以下。年降水量一般在 400～500 毫米以下，但因氣溫低，露點接近冰點，所以相對溼度很大。

　　在北美地區廣布著針葉林，又稱之北方森林（boreal forest），在亞洲稱之大松林帶（taiga），是世界森林資源最豐富的地帶之一。

16.7　極地氣候

　　極地氣候（Polar climate/E）分布在緯度大於 70° 的極地圈內，包括苔原（tundra/ET）及冰冠（ice cap/EF）兩個不同的氣候。

16.7.1　苔原氣候

　　因地處極地附近，終年嚴寒，降水量少。最冷月平均氣溫一般在 –30 到 –40℃ 左右，一年中有 1～4 個月的平均氣溫在 1～5℃ 左右，年降水量一般在 200～300 毫米之間。

　　在這種氣候條件下，高等植物已不能生長，只有苔蘚、地衣低等植物廣布於地表。

16.7.2　冰冠氣候

　　位處近極地的範圍，北半球包括北加拿大、阿拉斯加、西伯利亞及格林蘭海岸。在南半球，幾乎全在南極大陸。

　　由於地處極地冷源，終年被高壓控制，形成全年酷寒的氣候特點，各月氣溫均在 0℃ 以下。南極大陸的年平均氣溫在 –29 到 –5℃ 之間，在蘇俄的沃斯托克基地曾測到 –88.3℃ 的極端低溫，為目前世界之最低溫。

　　年降水量一般小於 250 毫米，量雖少，但均是降雪，不會融化，長年積累形成冰層巨厚的冰原。

16.8　高地氣候

　　高山、高原地區因局部地形影響，形成特殊的高地氣候（highland climate），就其所處不同的緯度如熱帶、溫帶、寒帶，而有明顯差異，但共同的特點是：氣溫及溼度隨高度增加而降低，降水先是隨高度的增加而增多，達到最大降水帶之後，又隨高度的增加而減少。

　　高山氣候受山風、谷風的影響，容易與四周大氣進行溫度及水氣的交換，溫較差較高原小，且在迎風面多雲、霧及降雨。而高原是被抬升的平地，高度愈高，水氣愈少，降雨量亦隨之減少，偏向大陸性氣候特徵。高山地區的日照強，風力也大。我國的青藏高原，平均海拔 4,500 m，是世界上最高的高原，即便位在溫帶，乾、冷及空氣稀薄為其特徵。

　　處在赤道附近的高山，其氣候猶如從赤道到極地氣候變化的情況。處在高緯的山地，雪線之上，終年被雪覆蓋，雪線之下，在春末、夏初雪溶後則露出綠意，而在南極大陸的高山則完全是冰雪世界。

思考・練習十六

　1. 氣候控制因子有哪些？

　2. 氣候劃分的基本依據為何？

　3. 簡述大氣環流的降雨型態。

　4. 簡述 ITCZ 如何影響全球的氣候。

　5. 依據柯本─蓋格氣候分類法，何種主要氣候占地最廣？何種次氣候最為普遍？

　6. 何種氣候有世界上最繁茂的森林？

　7. 簡述副熱帶高壓在氣候扮演的角色。

　8. 何謂半沙漠？有何作用？

　9. 在熱帶及沙漠地區均有草原型氣候，此二處的「草原」有何異同？

10. 溫帶氣候中的「溫和」是指何意思？

11. 簡述地中海型氣候的特徵？

12. 簡述海洋西岸型氣候特徵及分布狀況。

13. 南半球是否有寒冷氣候？簡述原因。

14. 簡述高原及高山在氣候特徵上的異同。

第17章 空氣污染氣象學

空氣污染物自污染源排到大氣後，被風傳送、擴散到下風及高空，因而影響流布地區的空氣品質。雖然空氣品質受當地污染物排放量及境外傳入的影響，但更重要的是空氣品質特別是其變動，主要是受當地氣象因素的影響，包括季節、大氣穩定度、高低氣壓、雨量、風向、風速、日照量等，分述於下。

17-1　影響空氣品質的氣象因素

17.1.1　季節

圖 17-1 為 2007～2017 年高雄市楠梓空氣品質測站臭氧（O_3）及懸浮微粒（PM_{10}）的月平均濃度變化，相較之下顯示，此二污染物於夏季時（5 月末至 8 月）的濃度最低，空氣品質最佳，於秋冬季節（仲秋至 2 月）濃度最高，空氣品質最差，春季（3 月至 5 月末）亦不佳，其他縣市亦有類似的結果。若在一年之中人為活動的強度，如工廠及汽機車的排放總量變化不大，則以上的結果指出季節的轉換會影響當地的空氣品質。

很明顯的，長期空氣品質監測數據顯示，空氣品質的良窳隨季節而變化。合理的推測，某地空氣品質的變動主要（如七成）是受當地氣象因子的影響，其次（如三成）是受當地排放的影響。而境外傳入是受風向的影響，也是氣象因素。

季風隨季節而轉換，是影響空氣品質的重要因素。秋季大陸冷高壓開始發展、南下，至冬季最強盛，此期間臺灣盛行東北風，混合層低，擴散條件不良。特別是，臺灣西岸平原是在背風面，大氣穩定，天氣偏乾，於是空氣品質變差。此情況一直延續到仲春，要待梅雨來臨及進入夏季，此時節盛行西南風，或熱帶低氣壓頻繁或是颱風，因擴散條件變好及多雨的滌除效果，空氣品質方轉佳。

17.1.2　大氣穩定度

大氣穩定度直接影響白天及夜晚邊界層的高度。以煙流為例，清晨微風，經常輻射逆溫的高度高於煙囪，煙流難以上下運動，而向水平延展，從上方觀之像扇形狀，稱之扇形擴散煙團（fanning smoke plume），如圖 17-2a（Stull, 1988; Ahrens, 2012）。

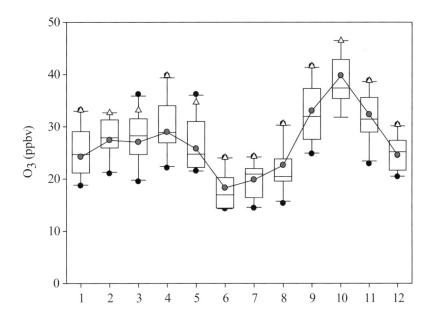

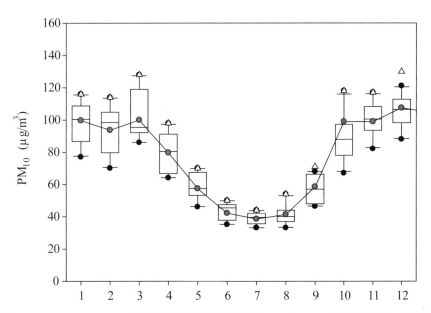

圖 17-1　2007～2017 年高雄市楠梓空品測站 O_3 及 PM_{10} 濃度逐月平均變化

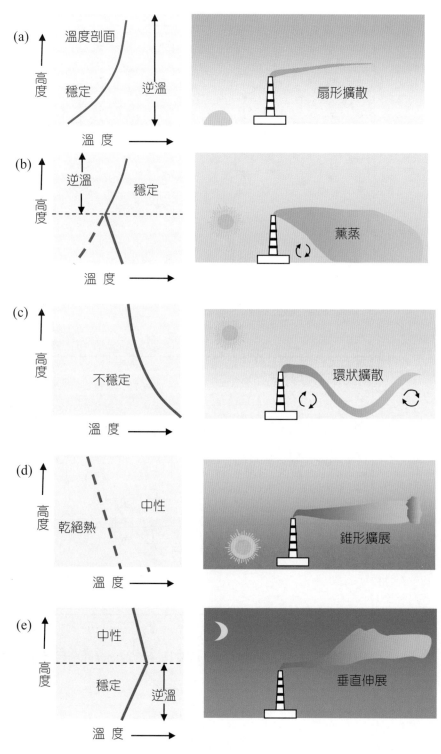

圖 17-2(a-e)　大氣穩定度隨太陽高度而變化，影響煙流的擴散

　　到了上午，地面溫度快速上升，低空逆溫消失且不穩定，而在煙囪的上方仍為逆溫，以致僅低層空氣垂直混合，增加地面污染物的濃度，此現象稱為薰蒸（fumigation），如圖 17-2b。

　　下午大部分的時間，逆溫完全消失，大氣極不穩定，微風或和風將上下運動的煙流呈波狀吹向下風處，稱為環狀擴散煙團（looping smoke plume），如圖 17-2c。

　　當大氣為中性穩定時，垂直與橫向擴散效果相當，因此整體煙流看起來像圓錐形，稱為錐形擴展煙團（coning smoke plume），如圖 17-2d。

　　日落後，地面快速冷越，低層空氣又出現逆溫，當逆溫頂高於煙囪，而上方尚是中性大氣，這時逆溫阻礙了煙流向下擴散，煙流於是被往上帶，遂形成直展煙團（lofting smoke plume），如圖 17-2e。

　　綜上所述，煙流的形狀可提供大氣穩定度的線索。由於輻射逆溫通常在淺層，低煙囪的煙流上升高度受到限制，只得在低空散開，而污染周圍地區（圖 17-3）。當煙囪較高時，煙流得以在逆溫層上方被較不穩定的氣流傳送及稀釋。雖然高煙囪可減輕當地的污染，但空氣污染物可能因遠距離傳送，而造成其他污染問題，如酸雨（acid rain）。

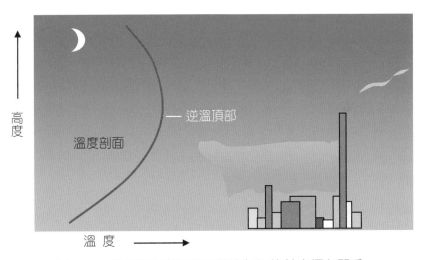

圖 17-3　低煙囪對鄰近地區的空氣污染較高煙囪嚴重

17.1.3 逆溫

造成大氣逆溫的情況，包括夜晚輻射逆溫、高氣壓的下沉逆溫（見圖 6-7）；前者發生在地面，後者發生在冠蓋逆溫層，壓低大氣邊界層。如前所述，這些都會使低空污染物累積、不易擴散，而劣化空氣品質（圖 17-4）。逆溫層愈低，惡化情況愈嚴重。

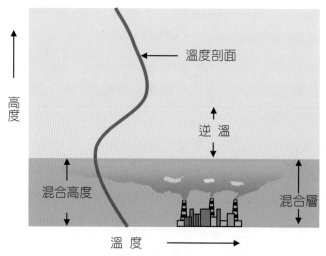

圖 17-4　逆溫阻礙煙流向上穿越至高空

17.1.4 高氣壓及低氣壓

高空的高壓中心（H）氣流向下運動，使低層空氣以水平方向散開（輻散），如圖 17-5a。受摩擦力及科氏力的作用，近地面輻散氣流以順時針螺旋穿越等壓線流出高壓中心，是反氣旋（圖 17-5b）。

但下沉氣流無法穿越冠蓋逆溫層，而是使邊界層變淺，並加大逆溫效果，使空氣污染物被困在低空，在靜風或弱風下，易造成空氣污染事件。

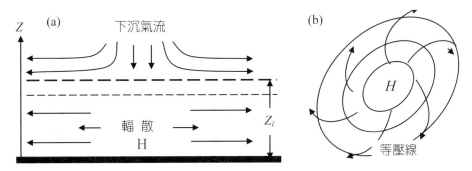

圖 17-5　(a) 高氣壓下沉氣流將邊界層壓低；(b) 地面氣流順時針螺旋穿越等壓線流出高壓中心

　　反之，低氣壓引發上升氣流，大氣極不穩定。上升氣流經常能消除冠蓋逆溫層，使邊界層和整個對流層藉由雷雨及雲系作深度混合（見圖 9-9），並滌除近地表的空氣污染物，使空氣品質變佳。

17.1.5　雨量

　　如圖 17-6，高雄市夏季雨量多於冬季，滌除效果好，因此夏季的空氣品質較冬季佳，其中雨量亦是一項關鍵因素。

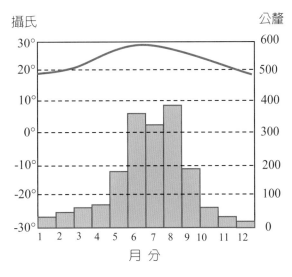

圖 17-6　高雄市月平均氣溫及降雨量

17.1.6　風向及風速

　　風雖然將當地的污染物吹散，但處在下風地區的空氣品質卻受到不良影響，前述季風的轉向，就隱含了這項因素。圖 17-7 為高雄市近三年空氣品質指數（AQI）隨風向變化的狀況，清楚顯示在西南風盛行的夏季，空氣品質較佳，而在東北風盛行的秋冬季，空氣品質較差。

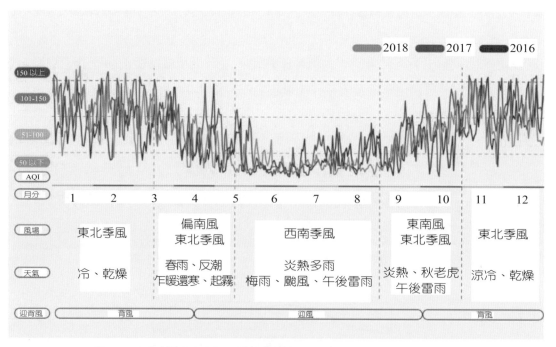

圖 17-7　高雄市近三年空氣品質指數（AQI）隨風向變化的狀況
（來源：高雄市政府環境保護局）

　　一般而言，向岸風（包括海風）較離岸風（包括陸風）潮溼、乾淨。以臺灣南部為例，西南風是向岸風，南下的北風、東北風是內陸風，故前者經常帶來較佳的空氣品質，後者常帶來較差的空氣品質。

　　此外，風速愈快，亂流愈強，傳遞及稀釋污染物的能力愈佳；反之，則愈差（圖 17-8）。

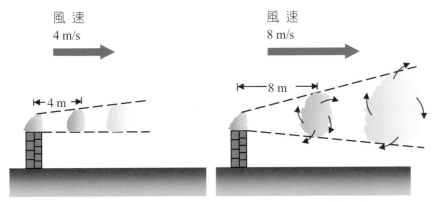

圖 17-8　風速快亂流強，傳送及稀釋污染物的效果佳

17.1.7　日照量

日照量強盛或晝光時數長，易促使氮氧化物與揮發性有機物進行光化反應，產生臭氧（二次污染物），在低風速或高氣壓籠罩下，易使臭氧累積、濃度竄升，造成光化學煙霧事件。

17.2　其他因素

地形除影響氣候外，亦影響當地的空氣品質。例如，氣流在迎風面上升時，氣溫下降，易形成雲霧或陰雨天氣。而氣流在背風面下降時，氣溫上升，水氣減少（見圖 6-15）。因此，迎風面的空氣品質常較背風面佳。

此外，開闊平坦的地形，空氣污染物易於向四方流散；反之，窪地易累積空氣污染物。特別是當夜晚或凌晨發生逆溫時，冷重的空氣及污染物流向谷地，使低處的空氣品質變差（圖 17-9）。盆地形的都市，若氣象條件不利於擴散，汽、機車的尾氣排放，常是造成空氣品質劣化的原因之一。

圖 17-9　夜晚冷空氣及污染物沿斜坡流入低處

　　順便一提，都市因人口、汽機車及建築密集，能源消耗量大，空氣品質一般較人煙稀少的郊區差。再者，都市的溫度特別是在夜晚高於郊區，有可能引發熱環流，產生都市熱島效應（urban heat island effect），以致劣化偏遠地區的空氣品質。

思考・練習十七

1. 氣象條件是否會影響空氣品質？

2. 通常大氣穩定度如何隨太陽高度而變化？

3. 一般而言，下列何時段空氣品質較佳？何時段較差？

　　清晨、上午、中午、下午、傍晚、午夜

4. 簡述逆溫對空氣品質的影響。

5. 簡述向岸風通常較離岸風潮溼、乾淨的原因。

6. 何種空氣污染物易受日照強度的影響？

7. 除本章內容所述外，您認為還有哪些其他非人為因素會影響當地的空氣品質？

Aguado, E., Burt, J. E., 2015, Weather & Climate, 9th ed., Prentice Hall, New Jersey, USA.

Ahrens, C. D., 2012, Meteorology Today, 9th ed., Thomson Learning, Inc., Pacific Grove, California, USA.

Holton, J. R., 2012, An Introduction to Dynamic Meteorology, 5th ed., Academic Press, California, USA.

Hsieh, J. S., 2013, Solar Energy Engineering, 2nd ed., Prentice Hall, New Jersey, USA.

Heinsohn, R. J., Kabel, R. L., 1999, Sources and Control of Air Pollution, Prentice Hall, New Jersey, USA.

Iribarne, J. V., Godson, W. L., 2009, Atmospheric Thermodynamics, 3rd ed., D. Reidel Publishing Co., London, England.

Kundu, P. K., Cohen, I. M., 2004, Fluid Mechanics, 3rd ed., Elsevier Academic Press, San Diego, California, USA.

Merrill, R. T., 1993, "Tropical Cyclone Structure" - Chapter 2, Global Guide to Tropical Cyclone Forecasting, WMO/TC-No. 560, Report No. TCP-31, World Meteorological Organization; Geneva, Switzerland Web version of Guide.

Moran, J. M., Morgan, M. D., Pauley, P. M., 2013, Meteorology, 12th ed., Prentice Hall, New Jersey, USA.

Peel M. C., Finlayson B. L., Mcmahon, T. A., "Updated world map of the Köppen-Geiger climate classification." [J]. Hydrology & Earth System Sciences, 2007, 11(3):259-263.

Reynolds, W. C., Perkins, H. C., 1977, Engineering Thermodynamics, McGraw-Hill, New York, USA.

Stull, R. B., 1988, An Introduction to Boundary Layer Meteorology, 1st ed., Kluwer Academic Publishers, MA, USA.

Stull, R. B., 2015, Meteorology for Scientists and Engineers, 3rd ed., Thomson Learning, Inc., Pacific Grove, CA, USA.

Wallace, J. M., Hobbs, P. V., 2006, Atmospheric Science, 2nd ed., Academic Press, New York, USA.

布萊安‧科斯格羅夫，1994，翻譯：姜慶堯，英文漢聲出版有限公司，臺北市。

涂建翊、余嘉裕、周佳，2003，臺灣的氣候，遠足文化公司，臺北市。

呂銀山，1999，臺灣的天氣，聯經出版事業公司，臺北市。

郭瑞濤、林政宏，1994，地球科學概論，新學識文教出版中心，臺北市。

張泉湧，2019，圖解大氣科學，二版，五南圖書出版公司，臺北市。

附錄 1 標準大氣（Standard Atmosphere）

Altitude (z) m	Altitude (z) km	Pressure (P) mb	Temperature (T) °C	Density (ρ) kg/m^3
0	0.0	1013.25	15.0	1.225
500	0.5	954.61	11.8	1.167
1,000	1.0	898.76	8.5	1.112
1,500	1.5	845.59	5.3	1.058
2,000	2.0	795.01	2.0	1.007
2,500	2.5	746.91	-1.2	0.957
3,000	3.0	701.21	-4.5	0.909
3,500	3.5	657.80	-7.7	0.863
4,000	4.0	616.60	-11.0	0.819
4,500	4.5	577.52	-14.2	0.777
5,000	5.0	540.48	-17.5	0.736
5,500	5.5	505.39	-20.7	0.697
6,000	6.0	472.17	-24.0	0.660
6,500	6.5	440.75	-27.2	0.624
7,000	7.0	411.05	-30.4	0.590
7,500	7.5	382.99	-33.7	0.557
8,000	8.0	356.51	-36.9	0.526
8,500	8.5	331.54	-40.2	0.496
9,000	9.0	308.00	-43.4	0.467
9,500	9.5	285.84	-46.6	0.440
10,000	10.0	264.99	-49.9	0.413
11,000	11.0	226.99	-56.4	0.365
12,000	12.0	193.99	-56.5	0.312

Altitude (z) m	Altitude (z) km	Pressure (P) mb	Temperature (T) °C	Density (ρ) kg/m³
13,000	13.0	165.79	-56.5	0.267
14,000	14.0	141.70	-56.5	0.228
15,000	15.0	121.11	-56.5	0.195
16,000	16.0	103.52	-56.5	0.166
17,000	17.0	88.497	-56.5	0.142
18,000	18.0	75.652	-56.5	0.122
19,000	19.0	64.674	-56.5	0.104
20,000	20.0	55.293	-56.5	0.089
25,000	25	25.492	-51.6	0.040
30,000	30	11.970	-46.6	0.018
35,000	35	5.746	-36.6	0.008
40,000	40	2.871	-22.8	0.004

來源：Ahrens（2012）

附錄 2　公制單位

基本單位

　　長　度：公尺（m）

　　質　量：公斤（kg）

　　時　間：秒（s）

　　溫　度：攝氏（℃），凱氏（K）

導出單位

　　速　度：公尺／秒（m/s）

　　加速度：公尺／秒^2（m/s^2）

　　角速度：秒分之一（1/s）

　　力　　：牛頓（N ＝ kg-m/s^2）

　　能　量：焦耳（J ＝ N-m）

　　功　率：瓦特（W ＝ J/s）

　　壓　力：帕（Pa ＝ N/m^2）

其他慣用單位

　　時　間：小時（h）

　　壓　力：巴（bar）＝10^5 帕，1 毫巴（mb）＝ 1 百帕（hPa）

　　　　　　　一大氣壓 ＝ 1 atm ＝ 1013.25 mb

附錄 3　天氣符號

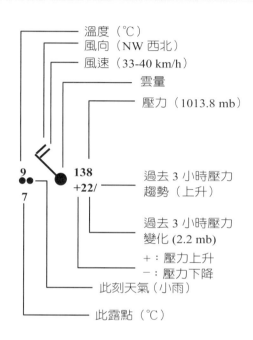

- 溫度（℃）
- 風向（NW 西北）
- 風速（33-40 km/h）
- 雲量
- 壓力（1013.8 mb）
- 過去 3 小時壓力趨勢（上升）
- 過去 3 小時壓力變化 (2.2 mb)
- ＋：壓力上升
- －：壓力下降
- 此刻天氣（小雨）
- 此露點（℃）

雲量

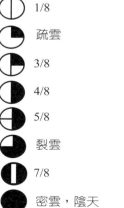

○	晴空
◔	1/8
◔	疏雲
◑	3/8
◑	4/8
◑	5/8
◕	裂雲
◕	7/8
●	密雲，陰天
⊗	天空不明

常用天氣符號

••	小雨
•∴	中雨
∴∴	大雨
＊＊	小雪
＊∴＊	中雪
＊∴＊＊	大雪
，，	小毛雨
△	冰珠
⌇	凍雨
⌇	凍毛雨

▽	陣雨
▽＊	陣雪
▽	陣雹
╪	低（高）吹雪
⌇	塵暴
＝	霧
∞	靄
ⱳ	煙霧
⎘	雷雨
ϟ	颱風

風速

單位：km/h

	靜風
◎	靜風
 ——	1–3
	4–13
	14–19
	20–32
	33–40
	41–50
	51–60
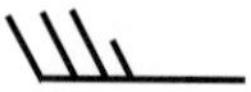	61–69
	70–79
	80–87
	88–96
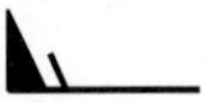	97–106
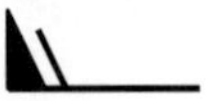	107–114
	115–124
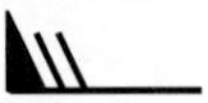	125–134
	135–143
	144–198

氣壓趨勢　　　　　　　　　　鋒面符號

上升，再下降

上升，再穩定
或變化緩慢

持續上升或不
穩定變化

下降，再上升

穩定，和 3 小
時前一樣

下降，再上升，
較 3 小時前稍
低或一樣

下降，再穩定
或變化緩慢

持續下降或不
穩定變化

上升，再下降

冷　鋒

暖　鋒

滯留鋒

囚錮鋒

胞　線

槽　線　　　脊　線　　　乾　線

附錄 5　索引－英文縮寫

國家圖書館出版品預行編目資料

環境氣象學／陳康興著. -- 初版. -- 臺北
市：五南, 2020.02
　　面；　公分
　　ISBN 978-957-763-859-5（平裝）

1.氣象學

328　　　　　　　　　　　109000345

5U08

環境氣象學

作　　者 ― 陳康興（250.8）

發 行 人 ― 楊榮川

總 經 理 ― 楊士清

總 編 輯 ― 楊秀麗

主　　編 ― 王正華

責任編輯 ― 金明芬

封面設計 ― 王麗娟

出 版 者 ― 五南圖書出版股份有限公司

地　　址：106台北市大安區和平東路二段339號4樓

電　　話：(02)2705-5066　　傳　真：(02)2706-6100

網　　址：http://www.wunan.com.tw

電子郵件：wunan@wunan.com.tw

劃撥帳號：01068953

戶　　名：五南圖書出版股份有限公司

法律顧問　林勝安律師事務所　林勝安律師

出版日期　2020年2月初版一刷

定　　價　新臺幣550元

※版權所有‧欲利用本書內容，必須徵求本公司同意※

五南
WU-NAN

全新官方臉書

五南讀書趣

WUNAN
Books since1966

Facebook 按讚

 1秒變文青

 五南讀書趣 Wunan Books

★ 專業實用有趣
★ 搶先書籍開箱
★ 獨家優惠好康

不定期舉辦抽獎
贈書活動喔 ！！！

經典永恆·名著常在

五十週年的獻禮 —— 經典名著文庫

五南，五十年了，半個世紀，人生旅程的一大半，走過來了。

思索著，邁向百年的未來歷程，能為知識界、文化學術界作些什麼？

在速食文化的生態下，有什麼值得讓人雋永品味的？

歷代經典·當今名著，經過時間的洗禮，千錘百鍊，流傳至今，光芒耀人；

不僅使我們能領悟前人的智慧，同時也增深加廣我們思考的深度與視野。

我們決心投入巨資，有計畫的系統梳選，成立「經典名著文庫」，

希望收入古今中外思想性的、充滿睿智與獨見的經典、名著。

這是一項理想性的、永續性的巨大出版工程。

不在意讀者的眾寡，只考慮它的學術價值，力求完整展現先哲思想的軌跡；

為知識界開啟一片智慧之窗，營造一座百花綻放的世界文明公園，

任君遨遊、取菁吸蜜、嘉惠學子！